职业技能培训入门系列

图解焊工入门

主　编　谷定来

副主编　王晓光　陈春宝　孟　玮

参　编　王大伟　侯　崇　赵春爽

机械工业出版社

您想快速掌握焊工技能吗？您想知道油罐车、大型桥梁、船体、汽车外壳、自来水管道、供热管道等是怎样连接成一体的吗？零件之间的连接除了胶接、铆接、螺纹连接外，现在最主要的方式就是焊接。请打开本书寻找答案吧！这是一本带您轻松认知焊工知识的培训读物。

本书采用工厂实际生产中生动的实例图片，用图解的方式生动地介绍了焊工的基本知识和基本技能，使得枯燥乏味的专业知识变得图文并茂、直观易学，让您轻松地了解并掌握焊工知识。本书共分为 9 个模块，内容包括焊工必备的基本知识、焊工认知、焊条电弧焊、手工钨极氩弧焊、CO_2 气体保护焊、埋弧焊、电阻焊、综合实训、焊工必备的相关知识。

本书非常适合焊工自学，还可作为职业技能培训学校和技校、职业技术学校的实习教材，同时可供相关专业的大学生、工程技术人员和管理人员了解焊工知识。

图书在版编目（CIP）数据

图解焊工入门/谷定来主编. —北京：机械工业出版社，2017.10　（2020.6重印）
（职业技能培训入门系列）
ISBN 978-7-111-58099-7

Ⅰ. ①图…　Ⅱ. ①谷…　Ⅲ. ①焊接-图解　Ⅳ. ①TG4-64

中国版本图书馆 CIP 数据核字（2017）第 234568 号

机械工业出版社（北京市百万庄大街 22 号　邮政编码 100037）
策划编辑：何月秋　责任编辑：何月秋　责任校对：佟瑞鑫
封面设计：马精明　责任印制：常天培
北京虎彩文化传播有限公司印刷
2020 年 6 月第 1 版第 2 次印刷
169mm×239mm · 15.25 印张 · 278 千字
3001—4000册
标准书号：ISBN 978-7-111-58099-7
定价：39.00元

凡购本书，如有缺页、倒页、脱页，由本社发行部调换

电话服务　　　　　　　　　　　　网络服务
服务咨询热线：010-88361066　　机工官网：www.cmpbook.com
读者购书热线：010-68326294　　机工官博：weibo.com/cmp1952
　　　　　　　010-88379203　　金 书 网：www.golden-book.com
封底无防伪标均为盗版　　　　教育服务网：www.cmpedu.com

前　言

焊接是通过加热或加压，或两者并用，并且用或不用填充材料（如电阻焊），使工件达到结合的一种方法。

焊接是工业生产中比较常见的连接方法（另外还有螺纹联接、铆钉连接、胶接、胀接等，这些是由冷作工、钳工来完成的）。

焊接是制造业的基础工艺和技术，在各个领域，如汽车、船舶、压力容器、航空航天、电子产品、海洋钻探、高层建筑等，都采用了焊接技术。常用的焊接方法如下：

（1）钎焊　钎焊是采用比母材熔点低的金属材料作钎料，将焊件和钎料加热到高于钎料熔点，低于母材熔化的温度，利用液态钎料润湿母材，填充接头间隙并与母材相互扩散实现连接焊件的焊接方法。钎焊用于各种电器导线的连接、电子线路的焊接，以及汽车水箱、硬质合金刀具、钻探钻头等的焊接。

（2）气焊　气焊是利用气体火焰作为热源（氧-乙炔、氧-液化石油气）的焊接方法。气焊时使接头部位的金属母材和焊丝熔化，冷却凝固后形成牢固的整体。

（3）焊条电弧焊　焊条电弧焊是用手工操纵焊条进行焊接的电弧焊方法。一根焊条（长度 $200\sim600mm$、直径 $\phi1.6\sim\phi8mm$、依据焊件材质和厚度选择焊条）快用尽时，在焊钳上更换新的焊条。焊缝质量取决于焊工技能的高低。

（4）氩弧焊　使用氩气作为保护气体的气体保护焊即氩弧焊。焊接时，氩气可以对焊件接头处的熔池形成保护气罩，防止空气侵入，形成良好力学性能的焊接接头。

（5）埋弧焊　即焊接时电弧在焊剂层下燃烧进行焊接的方法。埋弧焊焊接质量稳定、焊接生产率高、无弧光、烟尘少。

（6）电阻焊　即工件组合后通过电极施加压力，利用电流通过接头的接触面及邻近区域产生的电阻热，将接触处金属加热到熔化或塑性状态，从而使之结合的焊接方法。

（7）CO_2 气体保护焊　即利用 CO_2 作为保护气体的气体保护焊，简称为 CO_2 焊。该方法焊接时电弧稳定，减少了焊接缺陷。

（8）等离子弧焊　等离子弧焊是借助水冷喷嘴对电弧的拘束作用，获得较高能量密度的等离子弧进行焊接的方法。即气体由电弧加热产生离解，在高速通过水冷喷嘴时受到压缩，增大能量密度和离解度，形成等离子弧。等离子弧焊具有较高的熔透力和焊接速度。

但许多人只是粗略地知道焊接。这与其在制造业的地位不相称。有鉴于此，从普及科学常识，提高焊工知名度的角度出发，依据我国制造业的现状及用工单位的实际需求，用学生实训及工厂焊接生产的实例图片，突出实用的基本理论和操作技能，编写了这本通俗易懂的《图解焊工入门》。全书共分 9 个模块，内容包括焊工必备的基本知识、焊工认知、焊条电弧焊、手工钨极氩弧焊、二氧化碳气体保护焊、埋弧焊、电阻焊、综合实训、焊工必备的相关知识。

本书由锦西工业学校谷定来主编，其中模块 1、模块 4 由王晓光、陈春宝、孟玮编写，其余各模块均由谷定来编写。王大伟、侯崇、赵春爽参与了部分编写工作。在编写过程中，各位老师、有关工厂的领导及工人师傅们给予了大力的支持和热情的帮助，在此一并表示衷心感谢。

如果您通过本书了解并掌握了一些焊工的基本知识和技能，我们将甚感欣慰，这也是我们编写这本普及读物的初衷。

编者

目　录

焊工必备的基本知识

阐述说明

　　一个好的焊工，要有良好的职业道德，高超的操作技能，熟知安全操作知识。焊工要保证在工作过程中做到"三不"：不伤害自己，不伤害他人、不被他人伤害。钢结构产品是通过多个工种、多道工序加工后焊接而成的（零件与零件之间的定位焊、焊接；部件焊接、总装后的焊接），焊工需要掌握一定的机械识图知识、金属材料知识，具有过硬的焊接操作技能，才能按照焊接工艺的要求，焊接出符合设计要求的合格产品。

● 项目 1　职业道德 ●

1. 道德

道德是人们的行为应遵守的原则和标准。

2. 职业道德

职业道德是道德的一部分，它是指从事一定职业的人们，在其指定的职业活动中，应遵守的行为规范。

3. 职业道德修养

从业人员自觉按照职业道德的基本原则和规范，通过自我约束、教育、磨练，达到较高职业道德境界的过程。焊工的职业道德可以从以下几方面培养。

1）热爱本职工作，对工作认真负责。

2）遵守劳动纪律，维护生产秩序。劳动纪律和生产秩序是保证企业生产正常运行的必要条件，必须严格遵守劳动纪律，严格执行工艺流程，使企业生产按预定的计划进行。劳动纪律和生产秩序包括工作时间，劳动的组织、调度和分配，技术操作规程。焊工必须严格按照产品的技术要求、工艺流程和操作规范进行生产加工。

3）相互尊重，团结协作。生产钢结构产品，如压力容器、桁架、船体、箱体等，需要焊工与冷作工、起重工等多个工种合作，经过多道工序才能完成。每个车间、工段、班组的各个工种都要完成相应的工作，才能完成整个产品的制造。这就需要协调好车间、工段、班组、工种之间的关系；为相关工种及工序创造有利的条件和环境，达到一种"默契"的配合，否则将会影响产品的质量，延长产品的交货期。常见大型装置的焊接如图1-1~图1-5所示。

图1-1　装焊大直径筒体的环缝

图1-2　装焊大型聚合釜的出料管

图1-3　装焊大型的炼油装置

图1-4　装焊高压储罐

4）钻研技术，提高业务水平。钻研业务是做好本职工作的前提，下面以焊接管子的环缝（见图1-6）为例进行介绍。环缝的焊接包括了仰焊、立焊、平焊几种位置的焊接，在加工车间中可以对环缝的位置进行调整（比如转动到平焊位置进行焊接，可以保证焊接质量及焊接效率）；而在现场作业时，对大直径的自来水管、供暖管线、天然气管线的装焊是不能调整位置的，焊工要有过硬的业务能力，焊接的环缝不能有气孔、夹渣、裂纹等缺陷，避免出现管线爆裂而导致水或燃气泄漏的事故，否则轻则要挖开管线上面的填充土及地面的方砖，给附近居民的生活带来不便，重则会发生火灾甚至爆炸，造成人员伤亡。

图 1-5　装焊大型发电机基座

　　因此焊工要努力提高自己的技术水平，不能满足于现状，科技是不断发展的，要不断地学习、不断掌握新的操作技术。焊工制造的多为大型产品（如船体、高压容器、各种塔和釜等），要消耗大量的钢材；焊接产品需经过多道工序、多个工种合作才能完成。每一道工序都是制造过程中的关键一环，若每道工序的人员业务能力都很强，就

图 1-6　焊接管子的环缝
（大型容器内部的物料输送管）

能提高材料的利用率，降低原材料的消耗，缩短生产周期，保证产品质量。

• 项目 2　安全防护知识 •

1. 预防为主

　　焊工制造产品时会经常变换地点（如船舶制造、压力容器制造、大型的箱体和桁架制造），作业面较大，部件较重。涉及的加工设备种类较多，如卷板机、弯管机、转罐机、气割机、焊接设备、吊车等。如焊接筒体的环缝时，焊工在筒体的上部，利用转罐机转动筒体，这样环缝的焊接就变成了对接平焊，焊接效率高且质量好，但要注意与冷作工、吊车工的配合，避免发生转动筒体或焊工焊接过程中发生从上部跌下的事故，如图 1-7 所示。

　　焊工在工作中有时要与易燃、易爆气体接触（如气焊或气割），与压力容器接触（容器完工后要进行气压、水压试验，检验焊缝质量），与电机、电器接触（各种设备电源线、地线的安装），有时还要登高作业（装配和焊接大型的塔、聚

合釜、桁架、船体等），还有可能接触
有毒、有害气体（如进行船舱底部的焊
接、对出厂的容器定期维修等）。因此，
严格按照规程操作是制造产品的必要前
提，如果操作者缺乏必要的安全操作知
识或者违反操作规程，会引发各种事
故，造成设备的损坏和人员伤亡。

图 1-7　用转罐机对大型塔体进行
卧装后的焊接位置调整

2. 个人安全防护知识

1）焊工工作时必须按操作要求穿
戴好劳保用品（见图 1-8），如面罩、工
作服、长皮手套、口罩、眼镜（气割或
气焊）、工作鞋（绝缘鞋），防止在焊接过程中压伤、划伤、烫伤。电焊工进行电
弧焊、等离子弧焊或切割等时，应穿白色工作服
（脖子上围上白毛巾，避免飞溅的熔渣从脖领部位落
入），能有效地防止弧光辐射，以防灼伤皮肤。

2）进行气割（见图 1-9）或气焊时应戴好护目
镜，防止弧光和飞溅物损伤眼睛。

3）工作场地的通风和照明应良好，防止有害粉
尘和有毒气体侵入焊工体，造成危害。在密闭的容
器或舱室内焊接内部环缝时，除做好照明和通风
（用风泵强制通风）以外，还要有专人在容器外监
护，以防意外，如图 1-10 所示。

4）登高焊接或气割时应系好安全带，安全带应
高挂低用，这样人体下落时可减少落差，以便更好
地保障焊工的人身安全。

5）焊接大型的钢结构（压力容器、船体等）
时，焊工要协助配合，通常为两个焊工一组，对产
品进行对称焊接，这样可以减少结构件的焊接变形，
如图 1-11 所示。与焊工配合的有吊车工、冷作工；
每道工序都是如此。由于加工产品的部件较重、作

图 1-8　焊工个人劳
动防护用品

1—面罩　2—护目遮光镜片
3—工作服　4—焊工手套
5—工作鞋　6—毛巾

业面较大，焊工要注意自己和同伴的安全，要注意吊钩的位置正确且挂牢。

6）电是各种设备运行的能源，各种设备应有可靠的保护接零或保护接地，
以防意外。装焊较长圆筒（塔、釜、换热器）内的零件时，使用移动照明灯的电
源电压要小于 36V，灯泡要有专用防护罩，以防止灯泡损坏后电极外露引起触电
事故，如图 1-12 所示。

图 1-9 用氧乙炔火焰切割出
密封圈位置

图 1-10 容器内部焊接时要有专
人在容器外监护

图 1-11 对称焊接大型聚合釜的进出料管

图 1-12 装焊塔体内部的零件
（使用有防护罩的移动照明灯）

7）若用电设备出现故障，操作者不能擅自处理，应逐级上报，由专业维修的钳工及电工对设备及电路进行维修，如图 1-13 所示。

8）电工完成检测，确定需要更换电动机时，钳工将旧电动机拆下，进行维修或换上备件，如图 1-14 所示。

图 1-13 电工在检修气泵（空气压缩机）

图 1-14 更换电动机

9）气焊工（水焊工）操作时，氧气瓶距离乙炔瓶、明火或热源的间距应大于 5m，氧气瓶最好直立使用，若放倒时头部要稍稍垫起；乙炔瓶必须直立使用，要放置平稳防止倾倒，如图 1-15 所示。

图1-15　乙炔瓶必须直立放置

切割操作时要穿戴好劳动保护用品（手套、口罩、护目镜、帽子），工件的下部要垫起，留出切割熔渣的下落空间，当割嘴过热或飞溅物堵塞割嘴时，要迅速关闭各阀门，检查割嘴，用通针疏通气道，处理完毕后才能重新点火继续切割，如图 1-16 所示。

减压器是将气瓶内的高压气体降为工作时的低压气体，氧气瓶、乙炔气瓶中的气体不能用尽，当氧气表（见图 1-17）的低压值在 0.1~0.3 MPa、乙炔表（见图 1-18）的低压值在 0.02~0.03 MPa，就要关闭阀门将钢瓶送去充气，以防止乙炔气倒流发生回火事故。

图1-16　气割工件时应穿戴好劳动保护用品

图1-17　氧气表（左侧是瓶内压力，右侧是经减压表输出的压力）

图1-18　乙炔表（左侧是瓶内压力，右侧是经减压表输出的压力）

● 项目3 焊工必备的识图知识 ●

1. 正投影及三视图的投影规律

（1）正投影的基本知识

1）投影法即投射线通过物体向选定的投影面投射得到图形的方法。所得到的图形称为投影（投影图），得到投影的平面称为投影面。

2）绘制机械图样时采用正投影法（投射线垂直于投影面），所得到的投影即正投影，如图1-19所示。

（2）正投影的基本性质

1）显实性。平面（或直线）与投影面平行时，其投影反映实形（或实长）的性质，称为显实性，如图1-20a所示。

2）积聚性。平面（或直线）与投影面垂直时，其投影为一条直线（或点）的性质，称为积聚性，如图1-20b所示。

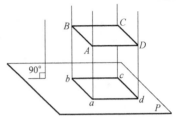

图 1-19　正投影

3）类似性。平面（或直线）与投影面倾斜时，其投影变小（或变短），但投影的形状与原来形状相类似的性质，称为类似性，如图1-20c所示。

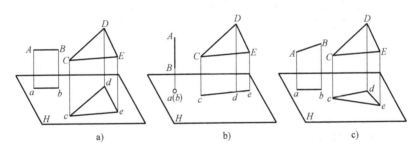

a)　　　　　　　　　　b)　　　　　　　　　　c)

图 1-20　正投影的基本性质

2. 三视图

（1）三视图的形成

1）物体放在图1-21所示的三投影面体系中，向V、H、W三个投影面做正投影即得到物体的三视图，如图1-22所示。物体的正面投影（V）为主视图，水平投影（H）为俯视图，侧面投影（W）为左视图。为了画图方便，将三投影面展开，如图1-23a所示。

2）主视图（V）。正对着物体从前向后看，得到的投影称为主视图。

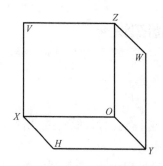

图 1-21 三投影面体系

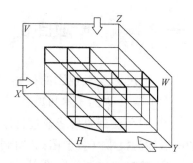

图 1-22 三视图的形成

3) 俯视图（H）。正对着物体从上向下看，得到的投影称为俯视图。

4) 左视图（W）。正对着物体从左向右看，得到的投影称为左视图。

（2）三视图之间的位置关系 物体的三视图不是相互孤立的，主视图的位置确定后，俯视图在主视图的正下方，左视图在主视图的正右方。其位置关系如图 1-23b 所示。

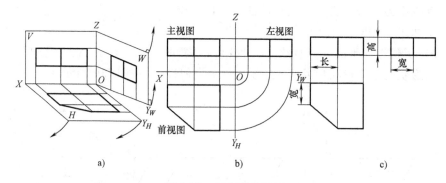

图 1-23 三视图的展开

（3）三视图之间的尺寸关系

1) 物体的一面视图只能反映物体两个方向的尺寸，如图 1-23c 所示。

主视图（V 面视图）：反映物体的长和高。

俯视图（H 面视图）：反映物体的长和宽。

左视图（W 面视图）：反映物体的高和宽。

2) 三视图之间有"三等"关系：主视图与俯视图长对正；主视图与左视图高平齐；俯视图与左视图宽相等。

物体的投影规律："长对正，高平齐，宽相等"是画图及看图时必须遵守的规律。

3. 点、线、面的投影

（1）点的投影

1）空间点用大写字母表示（如图1-24a中S点），点S在H、V、W各投影面上的正投影，分别表示为s、s'、s"，如图1-24b所示。投影面展开后得到图1-24c所示的投影图。

2）点、线、面是构成空间物体的基本元素，识读物体的视图，必须掌握点、线、面的投影。

（2）点的投影规律　由图1-24b所示的投影图可以看出点的三面投影有如下规律：

1）点的V面投影和H面投影的连线垂直于OX轴，即ss'⊥OX（长对正）。

2）点的V面投影和W面投影的连线垂直于OZ轴，即s's"⊥OZ（高平齐）。

3）点的H面投影到OX轴的距离等于其W面投影到OZ轴的距离，$ss_X = os_{YH} = os_{YW} = s"s_Z$（宽相等）。

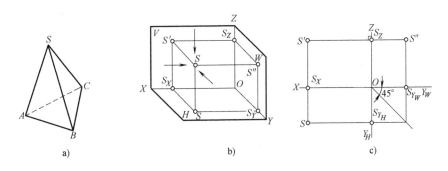

图 1-24　点的投影

（3）直线的投影　由直线上任意两点的同面投影来确定，如图1-25中线段的两端点A、B的三面投影，连接两点的同面投影得到的ab、a'b'、a"b"，就是直线AB的三面投影。直线的投影一般仍为直线。

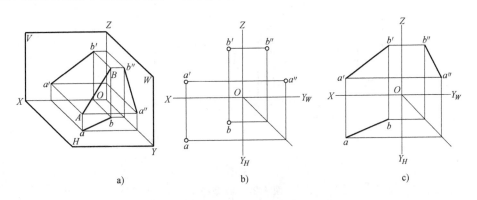

图 1-25　直线的三面投影

1）一般位置直线：对三个投影面都倾斜的直线称为一般位置直线，图 1-25 所示的 AB 就是一般位置直线，其投影特性为"三面投影均是小于实际长度的斜线"。

2）投影面平行线：平行于一个投影面，倾斜于两个投影面的直线称为投影面平行线。平行于 V 面的直线称为正平线；平行于 H 面的直线称为水平线；平行于 W 面的直线称为侧平线。其投影特性为"平行面上投影为实长线，其余两面是短线"，图 1-26 所示为正平线的投影。

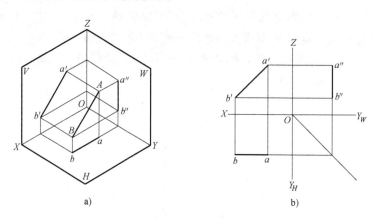

图 1-26　正平线

a）直观图　b）投影图

3）投影面垂直线：垂直于一个投影面，平行于另两个投影面的直线，称为投影面垂直线。垂直于 V 面的直线称为正垂线；垂直于 H 面的直线称为铅垂线；垂直于 W 面的直线称为侧垂线。其投影特性为"垂直面上的投影为点，其余两面的投影是实长线"，图 1-27 所示为铅垂线的投影。

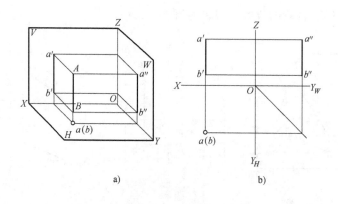

图 1-27　铅垂线

a）直观图　b）投影图

4）平面的投影：平面的投影仍以点的投影为基础，先求出平面图形上各顶点的投影，然后将平面形上各个顶点的同面投影依次连接即得平面的投影。如图1-28 所示，平面形的投影一般仍然为平面形。

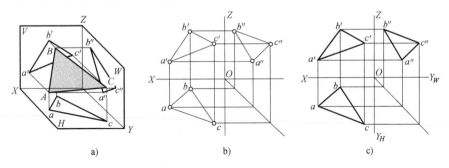

图 1-28　平面形的投影
a）直观图　b）、c）投影图

① 一般位置平面：对三个投影面都倾斜的平面称为一般位置平面。其投影特性为"三面投影均是与空间平面形类似的平面形"，如图 1-28c 所示。

② 投影面垂直面：垂直于一个投影面，与另两个投影面倾斜的平面。垂直于 V 面的称为正垂面；垂直于 H 面的称为铅垂面；垂直于 W 面的称为侧垂面。其投影特性为"垂直面的投影是线段，另两个投影面均是与空间平面形类似的平面形"，图 1-29 所示为铅垂面的投影。

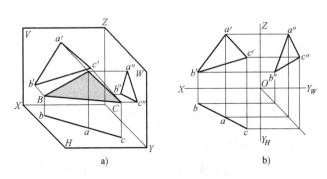

图 1-29　铅垂面的投影
a）直观图　b）投影图

③ 投影面平行面：平行于一个投影面，垂直于另两个投影面的平面。平行于 V 面的称为正平面；平行于 H 面的称为水平面；平行于 W 面的称为侧平面。其投影特性为"所平行面上的投影是实形，另两个投影面均是线段"，图 1-30 所示为水平面的投影。

例：如图 1-31 所示，分析正三棱锥中的各面 ABC、SAB、SAC、SBC 及线段

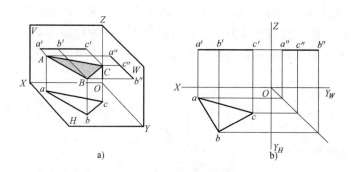

图 1-30　水平面的投影

a）直观图　b）投影图

AB、AC、BC 和 SA、SB、SC 的空间位置。

解：正三棱锥有四个面，面 ABC 的水平投影是平面形，另两投影为直线，所以是水平面。面 SAB、SBC 的三面投影均为空间平面形的类似形，所以为一般位置平面。面 SAC 的侧面投影是一斜线，另两投影是类似形，所以为侧垂面。

线段 AB、AC、BC 的水平投影是斜线，正面和侧面投影为直线段，所以均为水平线。

线段 SB 的侧面投影为斜线，正面和水平面投影为直线段，所以是侧平线。（$SB /\!/ W$ 面）

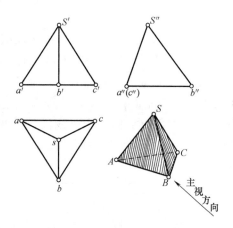

图 1-31　正三棱锥的三视图

线段的 SA、SC 的三面投影均为斜线，所以是一般位置直线。

4. 组合体三视图的读图方法

（1）形体分析法　将反映形状特征比较明显的视图按线框分成几部分，然后通过投影关系，找到各线框在其他视图中的投影，分析各部分的形状及它们之间的相互位置，最后综合起来想象组合体的整体形状。主要适用于叠加类组合体视图的识读。

例：轴承座三视图的识读。识读步骤如图 1-32 所示。

（2）线面分析法　运用投影规律，将物体表面分解为线、面等几何要素，通过识别这些要素的空间位置形状，进而想象出物体的形状。适用于切割类组合体视图的识读。

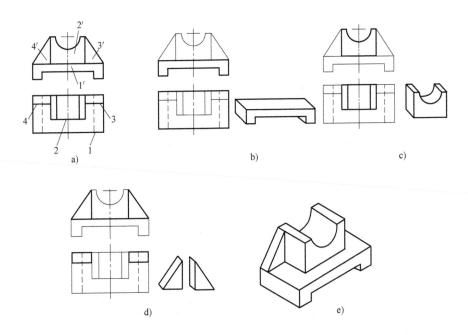

图 1-32　轴承座的读图方法

a）主、俯视图　b）分析 1 想出底板形状　c）分析 2 想出上部形状

d）分析 3、4 想出肋板形状　e）综合后想出轴承座的整体形状

1）首先依据压块的三视图（见图 1-33a），进行"简单化"的形体分析，三个视图基本轮廓都是矩形（只切掉了几个角），因此它的"原型"是长方体。

2）垂直面（一面的投影是线段，另两面是类似形）切割形体时，要从该平面投影积聚成直线的视图开始看起，然后在其他两视图上依据线框找类似形（边数相同、形状相似）。

主视图左上方的缺角是用正垂面切出的；面 A 在各视图的投影如图 1-33b 所示。俯视图左端的前后切角是分别用两个铅垂面切出的，面 B 在各视图的投影如图 1-33c 所示。俯视图下方前后缺块，分别是用正平面和水平面切出的，面 C、面 D 在各视图的投影如图 1-33d 所示。

3）"还原"切掉的各角和缺块，A、B、C、D 各切面的情况如图 1-33e 所示。

4）综合后想出压块的整体形状如图 1-33f 所示。

5. 剖视图

机件的内部结构形状复杂，视图中的投影出现了较多虚线，如图 1-34a、b 所示。为了使得机件内部结构的表达更清楚，则采用剖视图的方法。

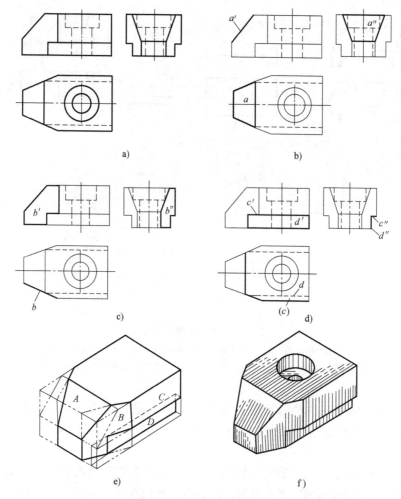

图 1-33 压块的读图方法

a）压块的三视图　b）正垂面的三面投影　c）分析 *B* 面投影　d）分析 *C* 面和 *D* 面投影

e）*A*、*B*、*C*、*D* 面的空间位置　f）综合想出的压块立体图

（1）剖视图　假想用剖切面剖开机件，将处在观察者和剖切面之间的部分移去（见图 1-34c），而将其余部分向投影面投射所得的图形称为剖视图，简称剖视，如图 1-34d 所示。

（2）剖视图的画法

1）剖切位置适当。剖切面应尽量多地通过所要表达的内部结构，如孔的中心线或对称平面，且平行于基本投影面（*V* 面、*H* 面、*W* 面）。

2）内外轮廓画全。被剖切面剖到的内部结构和剖切面后面的所有可见轮廓线都要画全。除特殊结构外，剖视图中一般省略虚线投影。

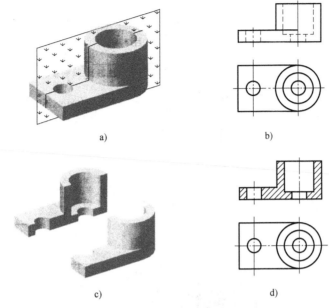

图 1-34 剖视图的形成

a）机件 b）机件视图 c）移去剖切面与观察者之间的部分 d）剖视图

3）剖面符号要画好。剖切面剖到的实体结构应画上剖面符号。金属材料的剖面符号是与水平方向成 45°角的相互平行、间隔均匀的细实线。

4）与其相关的其他视图要保持完整。因为剖切是假想的，所以其他视图仍要按完整机件绘制。

（3）剖视图的种类

1）全剖视图。用剖切面完全剖开机件得到的剖视图称为全剖视图（见图 1-34d）。

2）半剖视图。当物体具有对称平面时，在垂直于对称平面的投影面上投射所得的图形，以对称中心线为界，一半画成剖视图，另一半画成视图，这种剖视图称为半剖视图，如图 1-35 所示。

3）局部剖视图。用剖切面局部地剖开机件所得到的剖视图称为局部剖视图（不宜采用全剖或半剖表示出机件的内部结构），如图 1-36 所示。

（4）剖切方法

1）旋转剖（相交剖面）。用几个相交的剖切面（交线垂直于某一基本投影面）剖开机件的方法称为旋转剖。画此类剖视图时，应将剖切面剖到的结构及其有关部分先旋转到与选定的投影面平行，再投射，如图 1-37 所示。

2）阶梯剖（平行剖面）。用几个与基本投影面平行的剖切面剖开机件的方法称为阶梯剖，如图 1-38 所示。

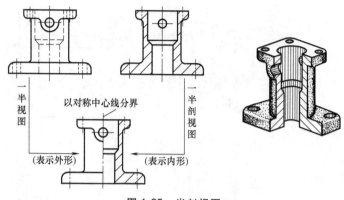

图 1-35 半剖视图

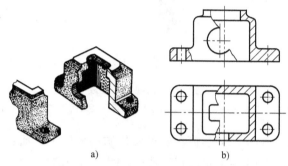

a)   b)

图 1-36 局部剖视图

a) 立体图   b) 剖视图

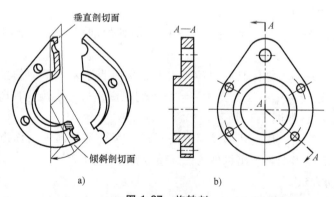

a)   b)

图 1-37 旋转剖

6. 断面图

假想用剖切面将物体的某处切断，仅画出该剖切面与物体接触部分的图形，称为断面图，简称断面（需要表达机件某处断面形状时）。断面图与剖视图的区

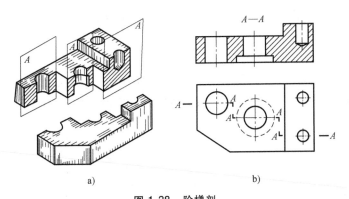

图 1-38 阶梯剖

a）立体图 b）剖视图

别如图 1-39 所示。

1）移出断面。画在视图轮廓之外的断面称为移出断面，如图 1-40 所示。轮廓线用粗实线绘制，尽量配置在剖切线的延长线上，必要时也可配置在其他适当位置。若剖切面通过由回转面形成的孔或凹坑的轴线时，这些结构按剖视绘制，如图 1-39d 所示；当剖切面通过非圆孔时，这些结构按剖视绘制，如图 1-41 所

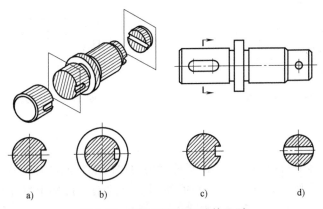

图 1-39 断面图与剖视图的区别

a）、c）、d）断面图 b）剖面图

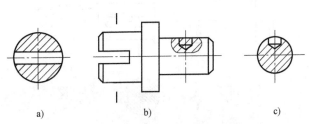

图 1-40 回转面形成结构的移出断面

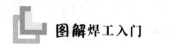

示。由两个或多个相交的剖切面剖切得出的移出断面，中间一般应断开，如图 1-42所示。

2）重合断面。画在视图轮廓线内的断面称为重合断面，如图 1-43～图 1-45 所示。重合断面的轮廓线用细实线绘制。当视图中的轮廓线与重合断面的图形重叠时，视图中的轮廓线仍须完整不间断地画出，如图 1-44 所示。

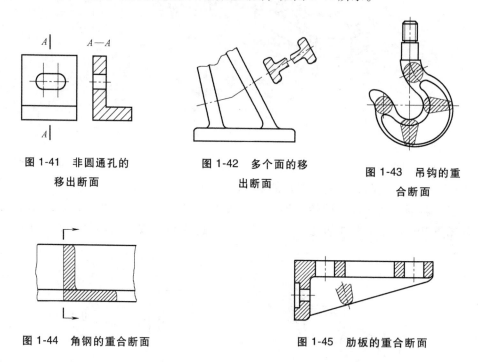

图 1-41　非圆通孔的
移出断面

图 1-42　多个面的移
出断面

图 1-43　吊钩的重
合断面

图 1-44　角钢的重合断面

图 1-45　肋板的重合断面

7. 局部放大图

将机件的部分结构用大于原图形所采用的比例（与原图形的比例无关）画出的图形，称为局部放大图，如图 1-46 所示。目的是使机件上细小的结构表达清楚，便于绘图时标注尺寸和技术要求。

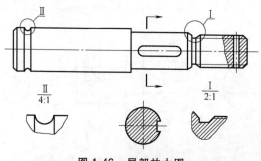

图 1-46　局部放大图

8．相同结构的简化画法

1）相同孔的画法。标明数量及孔的直径，如图1-47所示。

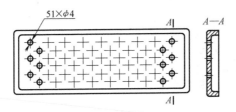

图 1-47 相同孔的画法

2）相同齿槽结构的画法。要标明数量，如图1-48所示。

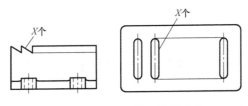

图 1-48 相同齿槽结构的画法

3）平面的画法。用两条相交的细实线来表示平面，如图1-49b所示。

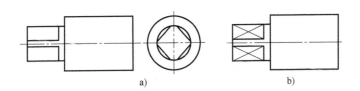

图 1-49 平面的画法
a）主、左视图表示平面 b）用两条相交的细实线表示平面

4）肋板、轮辐等结构的画法。机件上的肋板、轮辐、薄壁等结构，如纵向剖切都不画剖面符号，而且用粗实线将它们与其相邻结构分开，如图1-50所示。当零件回转体上均匀分布的肋板、轮辐、孔等结构不在剖切面上时，可将这些结构旋转到剖切平面上画出，如图1-51所示。

9．求线段的实长

构件表面上有各种线段，并非所有的线段都反映实长，要准确地判断线段是否为实长，对于一般位置线要会求出其实长。

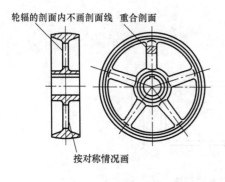

轮辐的剖面内不画剖面线　重合剖面

按对称情况画

图 1-50　轮辐的画法

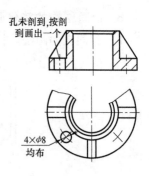

孔未剖到,按剖到画出一个

4×φ8
均布

图 1-51　未剖到孔的画法

垂直线有两面的投影为实长,平行线有一面的投影为实长,如图 1-52、图 1-53 所示。

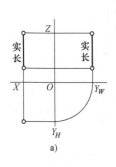

a)

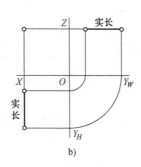

b)

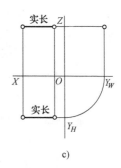

c)

图 1-52　垂直线的投影

a)铅垂线　b)正垂线　c)侧垂线

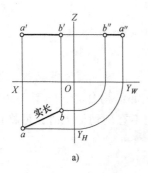

a)

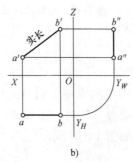

b)

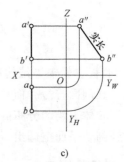

c)

图 1-53　平行线的投影

a)水平线　b)正平线　c)侧平线

• 项目 4　钢材的基本知识 •

阐述说明

　　焊工是对金属结构进行焊接，作为金属结构件的制造者，要了解钢材的性能及质量计算；知道钢材的分类、牌号，看懂图样上材料的牌号、各种热处理的名词。了解产品的原材料是怎么来的，钢在冶炼后，少部分制成锻件，大部分轧制成各种钢材，常见的轧制钢材如图 1-54 所示。

1. 钢材的分类

1）板材。板材包括冷轧钢板、热轧钢板。标记为 $\delta \times B \times L$（厚度×宽度×长度）。

2）管材。管材包括无缝钢管、有缝钢管。标记为 $D \times \delta \times L$（外径×厚度×长度）。

3）型材。型材有简单断面型钢（圆钢、方钢、角钢）和复杂断面型钢（槽

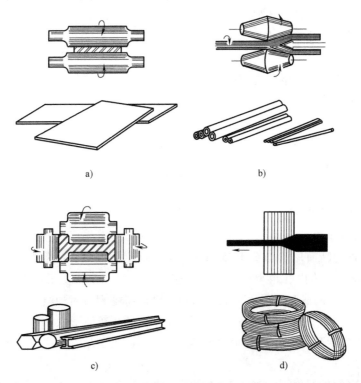

a)　　　　　　　　　　　　　　　b)

c)　　　　　　　　　　　　　　　d)

图 1-54　轧制钢材

a）板材　b）管材　c）型材　d）线材

钢、工字钢）。

4）线材。线材按断面分为圆形和椭圆形，按尺寸分为粗和细，按成分分为低、中、高碳钢。

2. 钢材质量的计算

1）质量的计算公式

$$m = A\rho L$$

式中　m——钢材的质量，单位为 t 或 kg；

　　　A——钢材的截面积，单位为 m^2；

　　　ρ——金属的密度，单位为 t/m^3，碳钢为 $7.85t/m^3$，铜为 $8.9t/m^3$，铝为 $2.73t/m^3$；

　　　L——钢板的长度，单位为 m。

2）圆面积的计算公式

$$A = \pi R^2$$

式中　A——圆面积，单位为 m^2；

　　　π——圆周率；

　　　R——圆的半径，单位为 m。

3）圆周长的计算公式

$$L = 2\pi R$$

式中　L——圆周长，单位为 m；

　　　π——圆周率；

　　　R——圆的半径，单位为 m。

例：有一钢圈，外径为 1200mm，内径 1000mm，厚 50mm，求钢圈的质量。

解：$m = \dfrac{7.85 \times \pi \times (1.2^2 - 1^2) \times 50}{4} kg = 136kg$

3. 钢材的感性认识

（1）常见钢材

1）槽钢的断面形状如图 1-55 所示，h 为槽钢的高度，b 为腿宽，d 为腰厚，δ 为平均腿厚，r 为内圆角半径，r_1 为边端圆角半径。槽钢主要用来制作柱、梁、框架，制造汽车的底盘。受力大的结构中，可以将槽钢成对地组合使用。

2）角钢分为等边角钢和不等边角钢两大类，其断面形状如图 1-56 所示。主要用来制造角钢圈、框架和其他轻型钢结构，在受力大的场合可以将角钢组合使用。

3）工字钢的断面形状如图 1-57 所示。h 为工字钢的高度，b 为腿宽，d 为腰厚，通常用来制作立柱、框架、横梁、大型发电机的基座等。

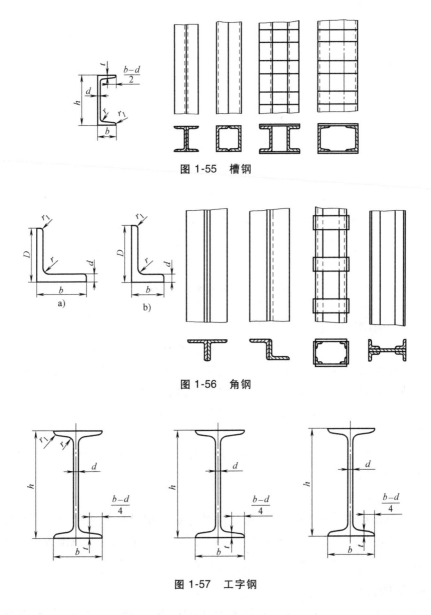

图 1-55 槽钢

图 1-56 角钢

图 1-57 工字钢

4）异型钢是为了某些结构的特殊需要而轧制的，如图 1-58 所示。图 1-58a 所示是钢轨，图 1-58b 所示是造船用的球缘角钢，图 1-58c 所示是造船用的球缘丁字钢，图 1-58d、e 所示是建筑用的丁字钢和乙字钢，图 1-58f 所示是异型槽钢。

5）模压型钢可以制成各种形状，质量轻，但刚度大、强度好。它是为了某些结构的特殊需要而压制的，如图 1-59 所示。可用于制作大型厂房、交易市场、

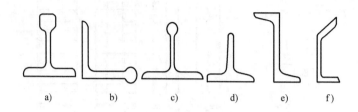

a)　　　b)　　　c)　　　d)　　　e)　　　f)

图 1-58　异型钢

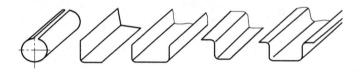

图 1-59　各种形状的模压型钢

车棚及建筑的围挡板等。

（2）常见钢结构　用成形材料（板材、管材、型材、）作为坯料，经加工后形成的构件称为钢结构。钢结构可以全部由成形材料组成，也可以成形材料为主，与铸件或锻件组合装焊而成。钢结构具有较高的强度和刚度，较低的结构重量，材料允许拼接，利用率高，可以制成各种复杂的结构。设计的灵活性大，不同的部位可以选择性能不同的材料，加工余量小。

（3）钢结构的加工成形　在原材料上画出零件的轮廓，用气割、冲裁、剪切或等离子弧切割等方法，把零件从原材料上切割下来，成为坯料，将坯料用手工或机械加工成符合图样要求的工件。

（4）钢结构的装配连接　装配连接是将零件按设计图样的要求（尺寸、形状、位置、精度）组装成部件或产品，并用焊接、铆接、胀接或螺纹联接等方法连成整体。

4. 钢的分类

（1）钢的定义　碳的质量分数大于 0.0218%、小于 2.11% 的铁碳合金称为钢。钢中除含有铁、碳外，还含有硅、锰、硫、磷等元素。硅、锰是钢中的有益元素，能提高钢的强度；硫、磷是钢中的有害元素，使钢变脆。钢具有高硬度和高韧性，良好的工艺性能，因而广泛应用。

（2）钢的分类

1）按钢的化学成分分类如下：

$$钢\begin{cases}碳素钢\begin{cases}低碳钢：w(C)<0.25\% \\ 中碳钢：w(C)=0.25\%\sim0.6\% \\ 高碳钢：w(C)>0.6\%\end{cases} \\ 合金钢\begin{cases}低合金钢：合金元素总的质量分数<5\% \\ 中合金钢：合金元素总的质量分数=5\%\sim10\% \\ 高合金钢：合金元素总的质量分数>10\%\end{cases}\end{cases}$$

2）按钢的品质分类如下：

$$钢\begin{cases}普通碳素钢：w(P)<0.045\%，w(S)<0.055\% \\ 优质碳素钢：w(P)<0.04\%，w(S)<0.04\% \\ 高级优质碳素钢：w(P)<0.035\%，w(S)<0.03\%\end{cases}$$

3）按用途分类如下：

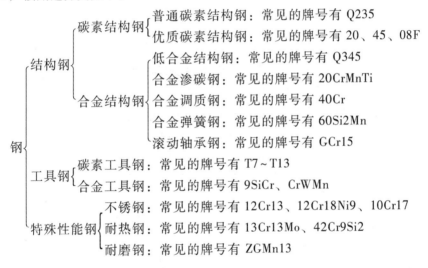

钢
- 结构钢
  - 碳素结构钢
    - 普通碳素结构钢：常见的牌号有 Q235
    - 优质碳素结构钢：常见的牌号有 20、45、08F
  - 合金结构钢
    - 低合金结构钢：常见的牌号有 Q345
    - 合金渗碳钢：常见的牌号有 20CrMnTi
    - 合金调质钢：常见的牌号有 40Cr
    - 合金弹簧钢：常见的牌号有 60Si2Mn
    - 滚动轴承钢：常见的牌号有 GCr15
- 工具钢
  - 碳素工具钢：常见的牌号有 T7～T13
  - 合金工具钢：常见的牌号有 9SiCr、CrWMn
- 特殊性能钢
  - 不锈钢：常见的牌号有 12Cr13、12Cr18Ni9、10Cr17
  - 耐热钢：常见的牌号有 13Cr13Mo、42Cr9Si2
  - 耐磨钢：常见的牌号有 ZGMn13

5. 钢的力学性能指标

金属材料具有承受载荷而不破坏的能力，这种能力就是材料的力学性能。金属表现出来的强度、塑性 、硬度、冲击韧度、疲劳强度等特征，就是力学性能指标。载荷会以不同的方式作用于金属材料，使材料发生各种变形（见图 1-60），所以材料的强度有抗压强度、抗拉强度、抗扭强度、抗剪强度、抗弯强度。通常以抗拉强度代表材料的强度指标，它是用拉伸试验机对标准试样（见图 1-61）进行轴向拉伸，直至拉断，用测得的数据绘制出力—伸长曲线（见图 1-62），以计算材料的强度和塑性。用硬度试验机来检测硬度，用冲击试验机检测冲击韧度。

（1）强度　金属材料在静载荷（大小不变或变化很慢）的作用下，对变形和破坏的抵抗能力，称为强度。

1）屈服点。屈服点是指试验力不增加而试验变形增加的应力点。若材料无

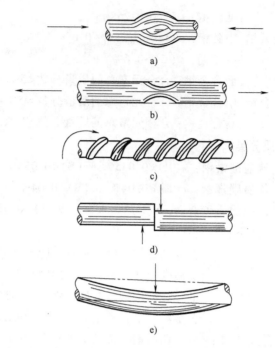

图 1-60　金属材料的变形形式

a）压缩　b）拉伸　c）扭曲　d）剪切　e）弯曲

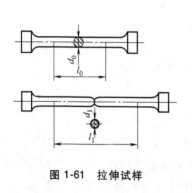

图 1-61　拉伸试样

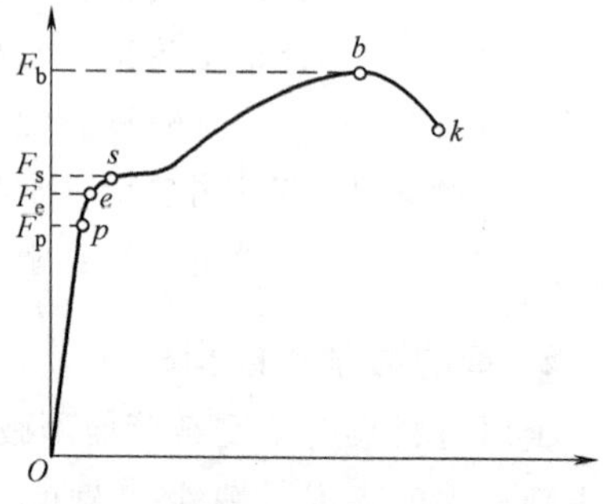

图 1-62　力—伸长曲线

明显的屈服现象，规定试样产生 0.2% 伸长量时的应力作为条件屈服强度，写作 $R_{p0.2}$。

$$R_{el} = \frac{F_{el}}{S_0}$$

式中　R_{el}——试样的下屈服强度，单位为 MPa；

　　　F_{el}——试样屈服时的最小载荷，单位为 N；

　　　S_0——试样原始横截面积，单位为 m^2。

2）抗拉强度。与材料断裂前所能承受最大力相对应的应力称为抗拉强度。

$$R_{m} = \frac{F_{m}}{S_{0}}$$

式中　R_{m}——试样的抗拉强度，单位为 MPa；

　　　F_{m}——试样在试验中承受的最大力，单位为 N；

　　　S_{0}——试样原始横截面积，单位为 m²。

（2）塑性　材料受力后在断裂之前产生不可逆永久变形的能力称为塑性。

1）伸长率 A。试样拉断后，原始标距的伸长量与原始标距之比的百分率。

$$A = \frac{L_{u} - L_{0}}{L_{0}} \times 100\%$$

式中　A——伸长率；

　　　L_{u}——试样拉断后的标距长度，单位为 m；

　　　L_{0}——试样原始标距长度，单位为 m。

2）断面收缩率 Z。试样拉断后，试样横截面积的最大缩减量与原始横截面积比值的百分率。

$$Z = \frac{S_{0} - S_{u}}{S_{0}} \times 100\%$$

式中　Z——断面收缩率（%）；

　　　S_{0}——试样原始横截面积，单位为 m²；

　　　S_{u}——试样拉断后缩颈处的横截面积，单位为 m²；

　例：有一直径 $d = 10mm$、$L_{0} = 100mm$ 的低碳钢试样，拉伸试验时测得：$F_{el} = 2.1 \times 10^{3}$ N、$F_{m} = 2.9 \times 10^{3}$ N、$d_{u} = 5.65mm$、$L_{u} = 138mm$，求此试样的 S_{0}、S_{u}、F_{el}、R_{m}、A、Z。

　解：① 计算 S_{0}、S_{u}。

$$S_{0} = \frac{\pi d^{2}}{4} = \frac{3.14 \times 10^{2}}{4} mm^{2} = 78.5 mm^{2}$$

$$S_{u} = \frac{\pi d^{2}}{4} = \frac{3.14 \times 5.65^{2}}{4} mm^{2} = 25.1 mm^{2}$$

② 计算 R_{el}、R_{m}。

$$R_{el} = \frac{F_{el}}{S_{0}} = \frac{21000}{78.5} MPa = 267.5 MPa$$

$$R_{m} = \frac{F_{m}}{S_{0}} = \frac{29000}{78.5} MPa = 369.4 MPa$$

③ 计算 A、Z。

$$A = \frac{L_u - L_0}{L_0} \times 100\% = \frac{138 - 100}{100} \times 100\% = 38\%$$

$$Z = \frac{S_0 - S_u}{S_0} \times 100\% = \frac{78.5 - 25.1}{78.5} \times 100\% = 68\%$$

 WDW—600型液压万能试验机检测的实例

1. 检验材料的塑性、强度

1）液压万能试验机的结构如图1-63所示，左端是由液压系统控制的操作台，右端是控制电路的开关柜。

2）试验机的下横梁在电路、液压系统的控制下，沿两根丝杠上下移动，当下横梁受力时，严禁操作手控盒的上升/下降按钮，如图1-64所示。

3）开关柜面板上部的三个按钮依次是电源及油泵的开关，下部是进油阀和出油阀的开关，如图1-65所示。

4）要检测一批钢材的强度和塑性的数据，首先要切割钢材的一部分制作成拉伸试样（车工在车床上加工完成），用游标卡尺测量出试样的直径及标距长度，如图1-66所示。

5）将测量试样的长度、直径的数值输入计算机（计算机与万能试验机相连），如图1-67所示。

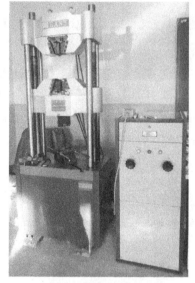

图1-63 液压万能试验机

图1-64 试验机的下横梁

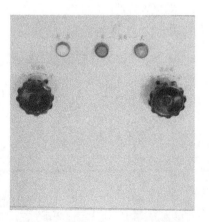

图1-65 开关柜面板上的各种按钮

图 1-66　测量试样的直径及标距长度

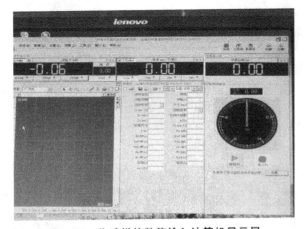

图 1-67　将试样的数值输入计算机显示屏

6）开启电源，在液压系统作用下丝杠旋转，下横梁沿丝杠缓慢上升到适当位置后停止。将试样放入上、下横梁的夹具之内装夹，如图 1-68 所示。

图 1-68　将试样放入横梁的夹具之内

7）开启电源，下横梁受液压系统控制沿丝杠缓慢下移，加在试件上的压力逐渐增大。试件的中部出现缩颈，此时压力机不再增加试件上的载荷，缩颈处明显拉长，材料已经达到屈服点，如图 1-69 所示。

8）屈服后，试件的中部出现冷作硬化现象，载荷若不再增加，缩颈处被拉长的尺寸不再变化。当增加载荷后，缩颈处继续被拉长，直至被拉断，如图 1-70 所示。

图 1-69　试件的中部缩颈后屈服

图 1-70　试件的缩颈处被拉断

9）与压力机相连的计算机会根据所加的载荷、试件的伸长情况，绘制出力-伸长量之间关系的拉伸曲线，如图 1-71 所示。

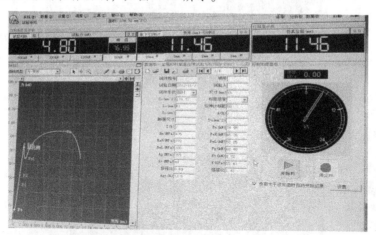

图 1-71　计算机自动绘制出拉伸曲线

2. 检验材料的抗弯强度、塑性

检验待焊接钢板的塑性（或焊缝是否有气孔及夹渣）可采用以下方法：

1）将检验试板条放置到压力机工作台的胎架上，目测试板两端在胎架的搭边距离相等，如图 1-72 所示。

2）打开电源开关，液压系统控制安装胎具的下横梁缓慢下移，与试板的中间位置接触（若是检验焊接试板则与焊缝接触），如图 1-73 所示。

图 1-72　在胎架上放置好检验试板

图 1-73　下横梁的胎具与试板的中部接触

3）液压系统施加的压力逐渐增加，下横梁上的胎具压着试板的中部下移，注意观察弯曲处是否有裂纹，若出现裂纹则停止施压（试样的塑性或焊缝有缺陷），如图 1-74 所示。

图 1-74　下横梁的胎具逐渐压入板料

4）若弯曲处无裂纹，则继续施压，试板包裹在下横梁的胎具上压入胎架中，反转丝杠提起下横梁及胎具，如图 1-75 所示。

5）从胎架上取出弯曲的试样，试样的边缘无裂纹，弯曲成 U 形。对于 Q235 钢板，能达到这样的曲率说明钢板质量合格，即塑性好，如图 1-76 所示。

图 1-75　下横梁的胎具将试板压入胎架

图 1-76　被弯曲成 U 形的试板

6) 焊接钢板时，焊条材料要与母材相适应。若焊缝无缺陷，则弯曲的角度同样符合要求（弯曲成 U 形），若焊缝有气孔、夹渣的缺陷，则弯曲时会发生焊缝整体或边缘开裂的现象，如图1-77、图1-78所示。

图 1-77　焊缝整体开裂

图 1-78　焊缝边缘开裂

（3）硬度　硬度是材料抵抗变形，特别是抵抗压痕或划痕形成的永久变形的能力。

硬度值用试验法得到，有布氏硬度试验法（见图1-79）、洛氏硬度试验法（测量时洛氏硬度值直接在硬度计表盘读取）和维氏硬度试验法（见图1-80）。常用的五种硬度标尺的试验条件和适用范围见表1-1。

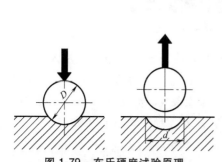

图 1-79　布氏硬度试验原理

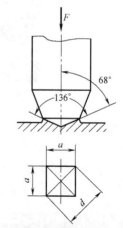

图 1-80　维氏硬度试验原理

表 1-1　常用的五种硬度标尺的试验条件和适用范围

硬度标尺	压头类型	总试验力/（×9.8N）	硬度有效范围	应用举例
HBW	硬质合金球	30~1000	95~654HBW	有色金属，退火钢、正火钢
HRC	120°金刚石圆锥体	150	20~67HRC	淬火钢
HRB	φ1.588mm 钢球	100	25~100HRB	退火钢、铜合金等
HRA	120°金刚石圆锥体	60	60~85HRA	硬质合金、表面淬火钢
HV	136°正四棱锥体	30	10~1000HV	从很软到很硬的金属均可应用

例1：170 HBW10/1000/30 表示用直径为 10mm 的压头，在 1000kgf（9800N）试验力的作用下，保持 30s 时测得的布氏硬度值是 170。

例2：600HBW1/30/20 表示用直径为 1mm 的压头，在 30kgf（294N）试验力的作用下，保持 20s 时测得的布氏硬度值为 600（若保持时间 10~15s 可以不标）。

例3：45HRC 表示用 C 标尺测得的洛氏硬度值为 45。

例4：640HV30 表示用 30kgf 试验力，保持时间 10~15s 测得的维氏硬度值 640。

（4）冲击韧度 a_k 金属材料抵抗冲击载荷的作用而不破坏的能力，称为冲击韧度。

1）冲击试验分为一次性打击试验和多次冲击试验。一次性打击试验如图 1-81 所示。但工件受大能力量一次性冲击破坏的情况少，故常用多次冲击试验来检验强度和塑性，如图 1-82 所示。

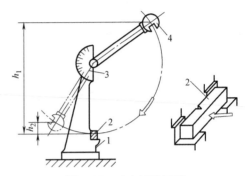

图 1-81 冲击试验原理
1—支座 2—试样 3—指针 4—摆锤

2）冲击试验的目的是检验材料的内部缺陷，温度对检测的数值有影响，低温时钢铁材料的韧性下降，容易变脆（碳钢的转变温度是 -20℃），所以材料的韧脆转变温度（见图 1-83）越低越好。

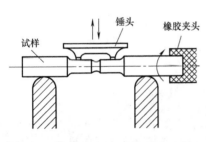

图 1-82 多次冲击试验

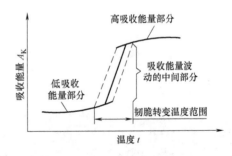

图 1-83 韧脆转变温度

 数显冲击试验机检测实例

1）冲击试验机的外观结构，如图 1-84 所示。左边是试验台、刻度盘、摆锤等，右端是操作开关柜。

2）用于作冲击试验的试样按要求的材质、尺寸加工而成，中间开 V 形缺口，如图 1-85 所示。

3）冲击试验机的数值盘上标记刻度，试验摆锤的能量为 300J，当完成对试样的冲击后，摆针会摆动到某一位置后固定，只需读出指针对应的数值，就能得知试样的冲击韧度，如图 1-86 所示。

4）首先按下电源开关，将摆锤举起，这样摆锤就具有 300J 的势能，如图 1-87 所示。

5）将冲击试样放入试验台上的夹具上，用左手握住检测工具柄部，工具的两端装卡在夹具斜面上，工具头部的

图 1-84　冲击试验机的外观结构

凸起插入冲击试件的 V 形缺口中，这样就保证 V 形缺口的中心线与摆锤中心线重合，如图 1-88、图 1-89 所示。

图 1-85　冲击试样

图 1-86　冲击试验机的数值盘

图 1-87　按下开关将摆锤举起

6）按下电源开关，摆锤自由落下，摆锤的缺口打在冲击试样上（V 形缺口的背面），试样被折弯后，随着摆锤的惯性被甩到地下，如图 1-90 所示。

7）查看刻度盘上表针所在的位置，即可知道锤击试件所消耗的能量，从而得知试样的冲击韧度值，如图 1-91 所示。

图 1-88   用检测工具放置冲击试样

图 1-89   摆放好的冲击试样

图 1-90   摆锤自由下落锤击冲击试样

图 1-91   查看刻度盘得出冲击韧度值

（5）疲劳强度（R_{-1}）　工件在交变循环应力的作用下疲劳折断时累计的循环次数，称为疲劳强度。如曲轴、连杆、齿轮、弹簧等工件受交变循环应力（见图 1-92），必须要检测疲劳强度的数值，提高工件疲劳强度的方法如下：

1）设计时工件的边缘有圆角，避尖突、避免应力集中。

图 1-92   对称交变循环应力

2）细化材料的内部晶粒、减少内部缺陷。

3）加工时降低工件表面粗糙度值、减少工件表面伤痕。

4）工件表面进行淬火、涂层等处理。

6. 铁碳相图及钢的热处理

加工的图样上有各种热处理方法的名称，零件在加工过程中需要降低硬度，提高塑性，改善切削加工性能，使用时需要提高硬度和耐磨性。零件内若存在内应力，会使产品在加工和使用时产生变形，所以要消除内应力来保证产品的质量。这些都可以通过热处理来实现。这就需要先了解铁碳相图，它是表示在缓慢冷却（或加热）条件下，不同成分的铁碳合金的状态或组织、随温度变化的图形。如图1-93所示。当含碳量不同时，其组织成分不同。材料在使用过程中，含碳量越高，其强度、硬度越高，而塑性、韧性越低，这是因为含碳量越高，钢中硬而脆的Fe_3C越多的缘故。作为技术工人必须知道各名称的含义，才能理解上下工序的联系、明白为什么钢材剪切、气割后要刨边（或铣边）处理，有些工件装焊后要进行整体退火处理等。

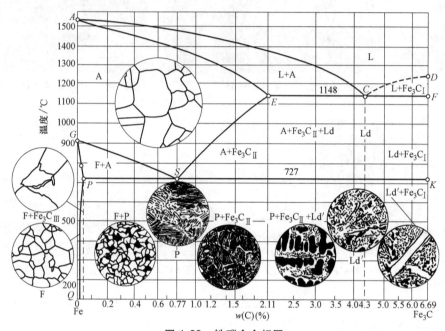

图 1-93　铁碳合金相图

铁碳合金相图上只需掌握钢 $[w(C) \leq 2.11\%]$ 一段的内容，需要知道的符号、组织、性能如下：

L——液态金属（在ACD线以上，金属加热超过其熔点）。

A——奥氏体，单相的奥氏体组织，强度低、塑性好，钢材的锻造温度选此区域。

F——铁素体，塑性、韧性好，强度、硬度低。

Fe_3C——渗碳体，硬度大，脆性大，塑性和韧性几乎为零。

P——珠光体，F 与 Fe_3C 的混合物，力学性能是两者的综合，强度较高，有一定的塑性，硬度适中。

Ld——莱氏体，A 与 Fe_3C 的混合物，硬度高，塑性差。

在生产过程中，铁碳合金相图可以作为选材、锻造及热处理的依据。如：

1）一般结构件：要求塑性好、焊接性好、强度硬度低，选用低碳钢，

$w(C)<0.25\%$。

2）汽车曲轴、机床主轴：要求有良好的综合力学性能，选用中碳钢，$w(C)=0.25\%\sim6\%$。

3）刀具（车刀、钻头）：要求有较高的硬度和耐磨性，选用高碳钢，$w(C)>6\%$。

（1）钢的热处理 固态钢加热到一定的温度，保温一定的时间，然后进行冷却的操作称为钢的热处理。其目的是细化晶粒、改善内部组织、得到所需要的力学性能。

（2）热处理的种类

1）整体热处理

退火：固态钢加热、保温、随炉缓慢冷却，作用是降低钢的硬度，退火的加热温度范围如图 1-94 所示

正火：固态钢加热、保温、在空气中冷却，处理后的硬度值比退火高

淬火：固态钢加热、保温、快速冷却，淬火可提高钢的硬度及耐磨性碳钢的淬火加热温度范围如图 1-95 所示。在水中或油中快速冷却可得到马氏体或下贝氏体

回火：去除工件淬火后的内应力，淬火后必须进行回火处理回火分低温、中温、高温回火三种（刀具、量具）

调质：淬火以后再高温回火的操作称为调质处理（曲轴、齿轮）

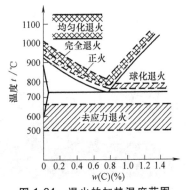

图 1-94 退火的加热温度范围

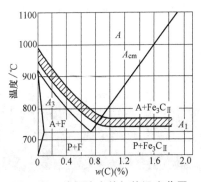

图 1-95 碳钢淬火的加热温度范围

【要点】上述各种热处理的加热温度、保温时间、冷却方式都不同。

2）表面热处理。表面热处理有感应加热表面热处理和火焰加热表面热处理。

【目的】工件的表面硬化，心部的组织不变（外硬内韧），处理后工件使用寿命延长。

3）化学热处理。将工件放在化学介质中，使其表面渗入介质的操作过程（渗碳、渗氮、碳氮共渗）。

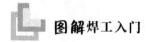

【目的】工件表面硬度、耐磨性高，心部仍然保持原来的高强度、高韧性。

（3）热处理实例

1）退火。大型箱体及离心式通风机壳体，焊接后进行退火，消除焊接应力。减速机箱体镗削及大型法兰车削后，进行去应力退火，如图1-96、图1-97所示。

图1-96　大型箱体及离心式通风机壳体
退火消除焊接应力

图1-97　减速机箱体及大型法兰退火
消除加工后产生的应力

2）调质。形状复杂的轴要进行调质处理，即淬火与高温回火相结合的热处理工艺，轴车削后进行调质处理如图1-98所示。因为其在工作过程中承受各种载荷，必须具有良好的综合力学性能（高强度、良好的塑性和韧性）。

3）淬火。内齿及外齿零件按工艺要求进行淬火处理，提高其强度、硬度和耐磨性。首先要将零件加热到要求的温度，保温到一定的时间，然后开启炉门，小车沿轨道从炉子驶出；操作技工指挥吊车将吊箱放到小车旁，迅速用长钩铲把零件钩入吊箱（注意同类零件要放置在一起，不能把零件钩偏落入吊箱外），吊箱装满后，要迅速开动小车，把剩下的工件放回炉中保温，如图1-99、图1-100所示。

图1-98　轴车削后进行调质处理

图1-99　用长钩铲把零件钩入吊箱

吊箱内所装的是合金钢工件，需要用油淬火，油的冷却能力较低，可避免工件体积和组织剧烈转变而产生很大的内应力，从而减少工件淬火后的变形及开裂。指挥吊车将吊箱放到油池内（见图1-101），刚放入机油池内时，高温的工件会引燃机油（见图1-102），这时用长钩铲钩住铁链让吊箱在油池内来回晃动，火苗就会熄灭，冷却后吊起吊箱控净机油（见图1-103），送到

图 1-100　剩下的工件送回炉中保温

图 1-101　指挥吊车将吊箱放置到油池内

图 1-102　高温的工件刚刚浸入
机油箱时会燃起火焰

图 1-103　吊起冷却后的工件停留片刻
使吊箱内的机油控干净

炉中回火。

　　4）回火。钢淬火后的组织主要是马氏体和残留奥氏体，这些组织处于不稳定状态，会向稳定组织转变，从而使工件变形甚至开裂，因此，淬火后的工件需要进行回火处理，才能稳定组织，消除内应力，避免工件变形及开裂，获得所需要的强度、硬度和韧性。外形结构不同的工件，淬火温度可以相同。但若回火温度不同，就需要把相同要求的工件分类，开启几个炉子进行回火，如图 1-104、图 1-105 所示。在电炉控制柜的面板上设置加热温度及保温时间，然后冷却到室温。淬火钢回火后，其硬度有所降低。

图 1-104　几个外齿零件送入
炉中回火

图 1-105　用小车将箱体及内
齿零件送入炉中回火

5）复杂零件淬火。轴套的外圆柱表面需要较高的硬度，淬火前要制作简易胎具。将圆钢的底部焊接托板，将轴套穿入圆钢；按工艺要求向轴套内部灌入黄泥（见图1-106），敲击、摇晃圆钢，使黄泥充实到圆钢内部；这样加热轴套时，其内部温度低于外部温度（外部温度达到淬火要求而内部未达到），淬

图1-106　轴套内部灌入黄泥

火后轴套内外部都获得所需的力学性能，如图1-106所示。

将钢筋插入圆钢上部的孔中，使圆钢与钢筋连成一体。吊链系在钢筋上。打开炉门，小车沿轨道驶出。此时的电炉因为刚完成一批零件的淬火，还有较高的温度。钢筋既防止轴套在吊运的过程中振荡，又能让人离烧红的垫板远一些，避免灼伤皮肤，如图1-107所示。为防止工件受热不均，要放置到垫板上面的耐火砖上，如图1-108所示。放稳轴套后，撤去钢筋，关上炉门，在电炉控制柜的面板上设置加热温度及保温时间。

图1-107　扶持钢筋吊运轴套

图1-108　放稳轴套后撤去钢筋

轴套完成加热及保温后，起动按钮，打开炉门，向吊链的孔内穿入钢筋，如图1-109所示。指挥吊车将轴套运送到油池的上方，如图1-110所示。

图1-109　轴套加热后准备吊运

图1-110　轴套吊运到油池的上方

轴套刚放入机油池会燃起火苗，这时用铁钩挂住吊链晃动轴套，使其快速冷却，才能达到所需的力学性能，如图 1-111 所示。轴套内部灌的黄泥已经烧结，内部的冷却速度较慢；这样轴套外部得到马氏体组织，硬度高，内部组织中含有铁素体，其硬度小于外部硬度。轴套冷却后吊起，静置几分钟，让其上面的机油流回油池，如图 1-112 所示。

图 1-111　晃动吊链使轴套在机油中快速冷却　　图 1-112　轴套吊起后静置让机油流回油池

　　将轴套放置到小车的垫板上，与法兰及减速机箱体一起送到电热炉中回火，提高炉子的利用率及节约电能，如图 1-113 所示。关闭炉门后，在电炉控制柜的面板上设置加热温度及保温时间，如图 1-114 所示。

图 1-113　轴套、法兰及减速　　　　图 1-114　设置加热温
机箱体一起回火　　　　　　　　　度及保温时间

　　6）工件渗氮。将需要渗氮的工件作为阴极，真空室炉罩的外壳作为阳极，真空室中通入氨气，在阴阳极之间通以高压直流电，氨气被电离，形成辉光放电，氨离子以较高的速度轰击并渗入工件表面，扩散后形成渗氮层。渗氮装置如图 1-115、图 1-116 所示。

　　渗氮用于处理重要和复杂的精密零件，如机床丝杠、主轴、镗杆、排气阀等。以减速机的输入轴、输出轴、联轴器的内齿为例，待渗氮零件如图 1-117 所示。这些工件的工艺路线如下：锻造→退火→粗车→调质→插齿、滚齿、精车→去应力退火→粗磨→渗氮→精磨。

图 1-115　真空炉阳极罩

图 1-116　真空渗氮炉

渗氮后可提高内齿表面、轴上人字齿轮表面的硬度、耐磨性及疲劳强度。

将待渗氮的工件（见图 1-117）摆放到真空炉内的圆盘上，先大后小（见图 1-118），零件之间要有合理的间隙（见图 1-119），这样才能保证工件表面的渗氮层均匀。

图 1-117　待渗氮的内齿和轴

图 1-118　在平台上先摆放工件

指挥吊车将阳极罩吊运到圆盘的上方，外壳上设有观察孔、壳身上有通入氨气的接口、外壳下端面镶密封圈。安装时需要两人密切配合，扶持罩壳，观察壳体内壁与工件间的距离；让罩子缓慢下降，如图 1-120 所示。其下部的卡销与平台边缘相应的位置对正，保证罩子与圆板之间的密封圈发挥作用。

图 1-119　检查零件的摆放位置和间隙

图 1-120　指挥吊车安装阳极罩

阳极罩吊放到圆板上后，检查安放的位置后将两者紧固，并接好地线，如图1-121 所示。

将氨气输送管连接到阳极罩相应的接口处，如图 1-122 所示。

图 1-121 接好阳极罩的地线

图 1-122 安装氨气输送管

管道及真空泵与操作台的下部相连，起动真空泵抽出壳室内的空气，让室内形成真空，如图 1-123 所示。

真空炉旁边是控制操作室，控制面板的仪表盘上面有各种按钮，控制氨气量、两极间电压、真空室的温度、负压等，按工件的热处理要求设置好各参数，如图 1-124 所示。

图 1-123 起动真空泵抽
出真空炉内的空气

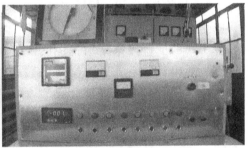

图 1-124 在控制操作室的
仪表盘上设置好各参数

7. 常用的黑色金属和有色金属牌号

铁、铬、锰称为黑色金属，铁、铬、锰以外的其他金属称为有色金属。一般情况下，黑色金属材料是指钢铁材料，有色金属材料是指非铁金属材料。产品的图样上标有材料的牌号，作为产品的制造者要识别牌号，知道牌号中数字的含义。

（1）钢的各种牌号及用途

1）碳素结构钢。碳素结构钢常见的牌号为 Q235AF，表示屈服点为 235MPa的 A 级沸腾钢。具体含义如下：

Q——屈服点代号；

235——屈服强度值为 235MPa；

A——质量等级是 A 级（共有 A、B、C、D 四级，从 A 到 D 依次提高）；

F——沸腾钢（脱氧方法有 F、b、Z、TZ，依次是沸腾钢、半镇静钢、镇静钢、特殊镇静钢）。

　　碳素结构钢用于制造一般结构，如制造工件装配时所需的调整垫板，就采用材料 Q235B，用立铣床装夹加工而成，工件的加工图样如图 1-125 所示，铣削的加工过程如图 1-126 所示。

图 1-125　垫板的加工图样（材料 Q235B）　　图 1-126　垫板装夹在铣床上铣槽

　　2）优质碳素结构钢

　　① 10F 表示平均碳的质量分数为 0.10% 的优质碳素结构钢中的沸腾钢。结构钢的钢号用两位数字表示，是该钢平均碳的质量分数的万分数。钢板上有材料牌号和尺寸规格的标记，看懂这些牌号和标记是一个技术工人应具备的常识，如图 1-127 所示。

图 1-127　钢板上的材料牌号和尺寸规格标记

　　材料的牌号和规格都标在钢板上，这是钢板的出厂商标。

　　规格 10×2200×8600 表示：钢板的厚度为 10mm，宽度为 2200mm，长度为 8600mm。

　　材料 09MnTiDR 表示：结构钢，钢中碳的质量分数为 0.09%；合金元素锰（Mn）、钛（Ti）的质量分数<1.5%；D 是汉语拼音"低"的拼音字头，表示低温钢板；R 是汉语拼音"容"的拼音字头，表示容器钢板。表明该材料制造的压力容器可以在低温状态下使用，即可以在严寒环境下工作。

　　② 08~25 钢是低碳钢，用于制造压力容器、小轴和销子；30~55 钢是中碳钢，其原材料如图 1-128 所示，用于制造曲轴、连杆和齿轮，如图 1-129 所示。60 钢以上的牌号是高碳钢，用于制造弹簧和板簧。

图 1-128　中碳钢的锻件原材料

图 1-129　中碳钢加工后的工件

3）碳素工具钢。T7 ~ T13 为常见的碳素工具钢的牌号，其碳的质量分数为 0.7% ~ 1.3%，均为高碳钢。

T12A 表示碳的平均质量分数为 1.2% 的高级优质碳素工具钢，用于制造锯条、锉刀等。

4）合金工具钢。合金工具钢主要是在碳素工具钢的基础上添加了合金元素。

牌号中用一位数字表示碳的平均质量分数的千分数，当碳的质量分数 ≥ 1.0%，则不予标出（避免与结构钢的钢号混淆），例如 9SiCr 表示碳的平均质量分数为 0.9% 的合金工具钢（Si、Cr 未标数值，说明各元素的质量分数均小于 1.5%）。Cr12MoV 表示碳的平均质量分数 ≥ 1.0%，Cr 的质量分数为 12%，Mo、V 的质量分数均小于 1.5%。

5）特殊性能钢。特殊性能钢与合金工具钢的表示方法相同。

20Cr13 表示平均碳的质量分数为 0.2%，平均 Cr 的质量分数为 13% 的不锈钢；06Cr19Ni10 表示平均碳的质量分数为 0.03% ~ 0.1%；008Cr30Mo2 表示平均碳的质量分数 <0.03%，与化学介质接触的材料，如换热器的内部管道聚合釜的搅拌轴、搅拌浆叶片等，都要采用不锈钢材质制造，如图 1-130、图 1-131、图 1-132所示。

6）高速钢。高速钢常见的牌号为 W18Cr4V，用于制造车刀及钻头，其热处理的方法是淬火+三次回火。

7）滚动轴承钢。牌号为 GCr15 的滚动轴承钢，用于制作精密量具，牌号为 GCr15SiMn 的滚动轴承钢用于制作大型轴承。滚动轴承钢有高硬度、高耐磨性、高的疲劳强度、足够的韧性和耐蚀性，它可以用于制造轴承的内外圈和滚动体，如图 1-133 所示。还可以用来制造刀具、模具和量具。

8）耐磨钢。常用的耐磨钢的牌号为 ZGMn13，用于坦克履带、防弹钢板的制造。

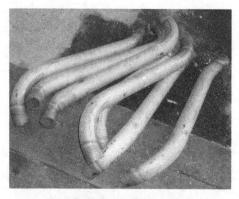

图 1-130　换热器的内部管道（20Cr13）

图 1-131　聚合釜的搅拌轴

图 1-132　采用 30Cr13 材质加工的搅拌浆叶片

图 1-133　用 GCr15SiMn 制造的轴承

9）调质钢。调质钢是中碳钢及合金结构钢，它可以进行淬火+高温回火的热处理。制造重要的结构零件，如用材料 35CrMnA 车削的工程螺栓，如图 1-134 所示。

（2）铸铁的各种牌号及用途

1）灰铸铁。常见的牌号为 HT200，用于制造汽车发动机的缸体（见图 1-135）及缸套、齿轮箱、机床的床身（HT 表示灰铸铁，200 表示最小抗拉强度为 200MPa）。

图 1-134　用材料 35CrMnA 车削的工程螺栓

图 1-135　6 缸发动机灰铸铁缸体

2）球墨铸铁。常见的牌号为 QT700-2，常用来制造汽车发动机里的曲轴、凸轮轴、各种管道的阀门（QT 表示球墨铸铁，700 表示最小抗拉强度为 700MPa，2 表示断后伸长率为 2%），如图 1-136 所示。

3）蠕墨铸铁。常见的牌号为 RuT420，常用于制造汽车使用的制动盘、飞轮（RuT 表示蠕铁，420 表示最小抗拉强度为 420MPa），如图 1-137 所示。

图 1-136　铸铁阀门

图 1-137　曲轴后部铸铁飞轮

4）可锻铸铁。常见的可锻铸铁牌号为 KTB350-04，用于制造弯头、三通管件（KT 表示可锻铸铁，B 表示白心，350 表示最小抗拉强度为 350MPa，04 表示断后伸长率）。

5）合金铸铁。合金铸铁是在普通铸铁的基础上添加一些合金元素，使其耐磨、耐热、耐腐蚀。

（3）有色金属的各种牌号

1）铜及铜合金的种类及牌号。在金属材料中，铜及铜合金的应用范围仅次于钢铁。铜及铜合金一般可分为纯铜、黄铜、青铜、白铜。硬度低，装配时常用铜锤（见图 1-138）对工件进行敲击及矫正。

图 1-138　铜锤

① 纯铜常见的牌号有 T1、T2、T3，随着牌号的增大则纯度下降。

② 黄铜一般可分为普通黄铜（铜+锌）和特殊黄铜（铜+锌+其他元素），特殊黄铜又分为铝黄铜、锰黄铜和铅黄铜等。普通黄铜常见的牌号有 H70 $[w(Zn) = 30\%$，用来制造弹壳，又称弹壳黄铜]，特殊黄铜常见的牌号有 HAl59、HMn58、HPb59 等。

③ 青铜一般分为锡青铜和特殊青铜，特殊青铜又称为无锡青铜，包括铝青铜、铍青铜、硅青铜等。锡青铜常见的牌号有 QSn4-3，特殊青铜常见的牌号有

QAl7、QBe2、QSi3-1 等。

④ 白铜一般分为普通白铜和特殊白铜，特殊白铜又分为锰白铜、锌白铜等。普通白铜常见的牌号为 B5，特殊白铜常见的牌号为 BMn3-12、BZn15-20。

以上的铜和铜合金都可以进行压力加工，此外还有铸造铜合金，常见的牌号有 ZCuZn38。

2）铸造轴承合金的牌号及种类。铸造轴承合金牌号的标记：Z（铸造）+基体+主加元素+辅助元素，其后的数字为该元素的质量分数（%），锡基和铅基轴承合金统称巴氏合金。下面的四种轴承合金都可以用来制作滑动轴承（即通常所说的汽车曲轴、连杆上的轴瓦）。

① 锡基轴承合金：常见的牌号有 ZSnSb12Pb10Cu4。

② 铅基轴承合金：常见的牌号有 ZPbSb16Sn16Cu2。

③ 铝基轴承合金：常见的牌号有 ZAlSn6Cu1Ni1。

④ 铜基轴承合金：常见的牌号有 ZCuPb30。

3）粉末冶金。粉末冶金是指金属与金属或金属与非金属在压形后烧结，获得材料或零件的方法。工艺过程是用球磨机粉碎金属并混合，然后压制成形去烧结，最后进行热处理及切削加工。

粉末冶金主要用于制造刀具、耐磨件、模具和耐热件。

常见的用粉末冶金方法制造的硬质合金有如下三种：

① 钨钴类硬质合金：常见的牌号有 K20，用于加工铸铁及有色金属，$w(Co) = 8\%$。

② 钨钴钛类硬质合金：常见的牌号有 P10，用于加工碳素钢和合金钢，$w(TiC) = 15\%$。

③ 通用硬质合金：常见的牌号有 M20，用于加工不锈钢、耐热钢、高锰钢、铸铁及普通合金钢。

焊工认知

阐述说明

　　作为制造钢结构产品的焊接工人，要有熟练的操作技能。了解其制造产品的结构及特点，熟悉焊接结构的加工工序，掌握产品的焊接工艺。

● 项目1 焊接生产过程概况 ●

　　常见的大型钢结构，如火车、汽车、轮船，它们的外壳和骨架就是用钢板和型钢焊接起来的。以常见的压力容器——卧式储罐体为例，它是典型的焊接结构。焊接作为制造储罐的重要工序，贯穿于产品制造的全过程。零件的拼接、部件的拼接、零部件之间的组对、装配，都需要焊工参与，只有各工种、工序之间团结协作，才能把钢板制造成符合要求的储罐。制造完毕的液化气罐体如图2-1所示。

图2-1　制造完毕的液化气罐体

　　焊接虽然是制造钢结构的重要工序，但还需要其他工种及工序的配合协助，才能完成产品的加工。这些工序主要分为两个阶段：成形以前的工序（上序），属于备料阶段，后面的工序（下序）属于装焊阶段。液化气罐体的生产流程如图2-2所示。

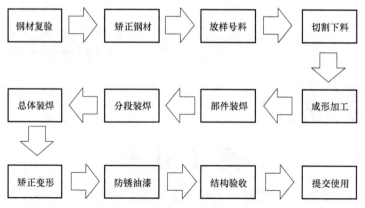

钢材复验 ⇒ 矫正钢材 ⇒ 放样号料 ⇒ 切割下料

⇓

总体装焊 ⇐ 分段装焊 ⇐ 部件装焊 ⇐ 成形加工

⇓

矫正变形 ⇒ 防锈油漆 ⇒ 结构验收 ⇒ 提交使用

图 2-2　液化气罐体的生产流程

一、备料阶段

在备料阶段，冷作工要把罐体所需要的板材在矫直机上矫平；线图工要根据图样所标注的尺寸及加工余量，在钢板上划线，打好样冲眼及工程单号，如图 2-3 所示。剪板工（或气割工）根据钢板上的样冲眼，利用剪板机或采用氧乙炔气割（半自动或手工），完成钢板的分离，如图 2-4、图 2-5 所示。然后由卷板工、冲压工进行加工成形；将钢板滚成圆筒或冲压成封头。

图 2-3　线图工在钢板上号料

图 2-4　气割工按照所划的
线对钢板进行切割（切割直线）

图 2-5　气割工按照所划的
线对钢板进行切割（切割圆板）

二、装焊阶段

在装焊过程中，要进行部件装焊、分段装焊和总体装焊三个阶段。

1. 部件装焊

将切割或加工成形好的构件（板料拼接、筒体、封头）装焊成部件。部件是由一个、两个或两个以上的构件组成的独立体。焊工在车间会经常看到相关工种对待装焊零部件的加工（剪切、铣削、弯曲、冲压、气割等），待这些工种完成零部件加工后，焊工再进行部件与部件之间的焊接及整体装配的焊接。液化气罐体各部件的组装及焊接如图 2-6~图 2-12 所示。

图 2-6　拼接板料后装焊（拼成部件）

图 2-7　圆板冲压成封头部件

图 2-8　用等离子弧切割切割余量及开坡口

图 2-9　完成坡口加工的封头

2. 分段装焊

构件尺寸较大、结构也较为复杂时，可以把各个部件分段，然后进行装焊。如三节圆筒的组焊，圆筒的纵向长度较长，可将其吊放到转罐机上，采用卧装法，两两对接进行装焊，如图 2-13 所示。

图 2-10　将钢板滚成圆筒部件（冷作工）

图 2-11　用埋弧焊对单节圆筒内部
的纵缝进行焊接（焊工）

图 2-12　用埋弧焊对圆筒外部的纵缝进
行焊接（焊后在卷板机上矫圆）

图 2-13　卧装圆筒部件后焊接环缝

若圆筒的纵向短而直径较大时，可以采用立装（俗称拔节），避免圆筒因为自重较大而产生变形。下节圆筒放在装配平台上，吊起上节圆筒放到其上，装配后进行环缝焊接（注意装配时两圆筒的纵缝要错开），以避免造成焊接应力集中，如图2-14所示。

3.总体装焊

将分段的部件组合装焊成整体

图 2-14　立装大直径的圆筒后焊接环缝

结构，如图 2-15~图 2-17 所示。

图 2-15　封头与筒体装焊

（焊接封头与筒体的环缝）

图 2-16　准备进行筒体与其上部人孔的装焊

图 2-17　完成管口部位装焊的罐体

提示：

在钢结构生产过程中要考虑加工和焊接方法，选用合理的焊接顺序和检测手段，使焊接生产具有合理性、先进性，以保证不断提高产品质量。

● 项目 2　焊接的常见设备及工具 ●

焊接时使用的设备是焊机，焊机的种类及型号很多，分类的方法也较多。常用的焊机有焊条电弧焊焊机、氩弧焊焊机、二氧化碳气体保护焊焊机、埋弧焊焊机等。

1. DC—1000 焊接电源

DC—1000 焊接电源是用于半自动及自动焊的焊机，如图 2-18 所示。主要用于焊接较长钢板的直焊缝（如钢板与钢板的拼接、大直径筒体纵缝）、较大直径部件的对接环缝。

DC—1000 焊机电源面板上有各种开关及操作按钮，电流、电压、焊剂的铺撒速度等参数数字化显示，预置参数准确方便，如图 2-19 所示。

图 2-18　DC—1000 焊接电源

图 2-19　面板上的各种操作参数按钮

应用实例

焊接大直径容器的环缝时，环缝的位置包括仰焊、立焊、平焊。焊工利用升降平台到达容器环缝的上方，将焊剂料斗、焊丝、电源线等放置在升降台的适当位置。筒体放置在转罐机上，随着转罐机缓慢地转动，在焊缝最上方的位置进行埋弧焊，这样就将整条环缝的焊接变成了一种位置的焊接——平焊。调整好焊接参数，进行环缝焊接，如图 2-20 所示。

2. 直流氩弧焊机

1) 常用的 YC-315TX3 氩弧焊机如图 2-21 所示。可焊接不锈钢、低碳钢、高强度钢及 Cr-Mo 钢、铜等，广泛应用于石油化工、压力容器、电力建设、不锈钢产品的焊接，用途广泛。

该焊机设置有低频（0.5~30Hz）和中频（10~500Hz）两种脉冲功能。低频脉冲适合各种材料的中板、厚板、管状焊缝全位置的焊接；中频脉冲电弧挺度高，集中性好，更适合各种热敏材料、热强材料、薄板的焊接。

该种焊机脉冲电流、基值电流、脉冲频率、脉冲宽度可无级调节，适合各种参数条件下的焊接。

图 2-20　用埋弧焊焊接大直径筒体环缝

图 2-21　直流氩弧焊机

应用实例

　　高压容器内部的隔板要穿入数量较多的管子，管子的头部与隔板之间要进行焊接，这种焊接使用 YC-315TX3 氩弧焊机就比较方便，调整好焊接参数，焊枪的头部自动旋转，完成管与板全位置的焊接（完成一个管头焊接后，支架带着焊枪自动移到下一处），如图 2-22 所示。

图 2-22　使用 YC-315TX3 氩弧焊机自动焊接管子接头

　　2）常用的 PANA-TIG-TSP300 直流脉冲弧焊机如图 2-23 所示，该焊机既能进行直流脉冲 TIG 焊，又能进行直流焊条电弧焊，因而更加实用。PANA-TIG-TSP300 直流脉冲弧焊机的技术规格及参数见表 2-1。

　　① 采用独特的 IC 及晶闸管技术控制电流，使其最适合引弧要求，因此从小电流到大电流，瞬时引弧成功率极高，几乎达到 100%。

　　② 电流能保持稳定。即使在焊接速度很高时，焊缝也均匀美观，焊接质量较高。

　　③ 采用独特的恒流控制。即使输入电压、环境温度、弧长及其他外部条件发生变化，焊接电流仍能保持稳定。

图 2-23　PANA-TIG-TSP300 直流脉冲弧焊机

　　④ 采用直流焊条电弧焊，降低了飞溅率，电弧稳定。因此，焊接低碳钢、不锈钢、高强度钢及 Cr-Mo 钢等，可获得优质焊缝。

表 2-1　PANA-TIG-TSP300 直流脉冲弧焊机的技术规格及参数

型号		YC-300TSPVTA
额定输入电压		380V
额定输入容量		16.1kV · A(13.5kW)
额定负载持续率		40%
最高空载电压		57V
额定负载电压		32V
直流输出电流	TIG 焊	5~300A
	焊条电弧焊	5~300A

（续）

型号		YC-300TSPVTA
直流输出电压	TIG 焊	16~20V
	焊条电弧焊	20~32V
起始电流、收弧电流		5~300A
收弧电流控制方式		<有>、<无>、<重复>三种方式
电流上升时间		0.2~10s
电流下降时间		0.2~10s
气体预流时间		0.3s
气体滞后关断时间		2~23s
电弧点焊时间		0.5~15s
脉宽比		50%
脉冲频率		0.5~15Hz
外形尺寸及质量		470mm×560mm×845mm,119kg

⑤ 由于该焊机电流调节范围大，适合焊接 0.5~10mm 板厚的焊件，焊机性能可靠，适合于各种环境下作业。

应用实例

用直流脉冲弧焊机焊接两节不锈钢 90°弯头的情形如图 2-24 所示。

图 2-24　用直流脉冲弧焊机焊接不锈钢弯头

3. 焊条电弧焊/氩弧焊两用焊机

这种焊机有多个厂家生产，型号繁多，常用的一种型号为 WS-400，其特点是引弧容易、飞溅小、不粘焊条，氩弧焊的引弧方式为高频引弧，可广泛应用于各类酸、碱性焊条的焊接。该焊机的空载电压为（75±5）V，焊接电流调节范围为 15~400A，如图 2-25 所示。氩弧焊时用氩气作保护气体，氩气瓶（15MPa、40L）的上部是减压器和气体流量计，如图 2-26 所示。

图 2-25　WS-400 型焊机

图 2-26　氩气瓶及减压器

4. 二氧化碳气体保护焊焊机

二氧化碳气体保护焊机常见的型号有 NB350（见图 2-27），其焊接飞溅小、成形美观。具有收弧调节功能，保证在焊接结束时无弧坑。可实现"交流—直流—交流—直流"的变换，输出适合焊接的直流电。焊接工艺特性优异，动态响应特性高，焊接电流控制精准；具有缺相、过压、欠压、过流、过热等多重保护功能，焊丝盘及送丝机构安装在焊机上部（见图 2-28）。

图 2-27　NB350 正面的显示屏及旋钮

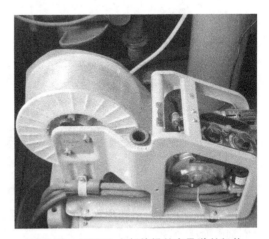

图 2-28　NB350 上部的焊丝盘及送丝机构

进行二氧化碳气体保护焊时，用二氧化碳气作为保护气体，装在二氧化碳气瓶（见图 2-29）中。气瓶的容积为 40L，其上部是预热器、减压器和气体流量计（三者合为一体），如图 2-30 所示。

图 2-29 二氧化碳气瓶

图 2-30 减压器及气体流量计

5. 焊条保温筒及磨削工具

1）焊条保温筒。焊条在烘干箱内烘干后，放入焊条保温筒（见图 2-31）内，以避免受潮。放入保温筒内的焊条，尽量在 8h 之内用完，否则要再次烘干，因此烘干焊条的数量够用即可。

2）磨头。用于修磨焊件，针对要修磨处的形状换上相应的磨头，如图

图 2-31 焊条保温筒

2-32所示。用磨头修磨钢管内壁的圆弧面如图 2-33 所示。

图 2-32 磨头

3）角砂轮。用于修磨待焊件的坡口、焊疤、焊渣等，如图 2-34 所示。使用角砂轮时，可以使用圆周面、端面，根据修磨处情况而定，如修磨平面采用端面磨削，如图 2-35 所示。

4）台式砂轮。用于修磨各种扁铲、钻头、工具及小型工件，磨削时要戴好护目镜，如图 2-36 所示。

5）焊枪。二氧化碳气体保护焊时焊丝由焊枪头的前端送出，枪体上有控制开关，可以控制焊丝的送出长度及速度，如图 2-37 所示。

图 2-33 用磨头修磨管子内壁

图 2-34 用于修磨焊件的角砂轮

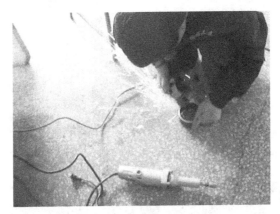

图 2-35 用角砂轮修磨管子的端面

图 2-36 台式砂轮

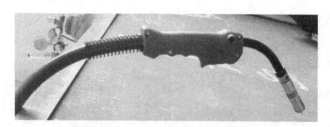

图 2-37　二氧化碳气体保护焊用焊枪

6）焊角尺。焊角尺的结构及形状如图 2-38 所示。用于测量焊缝的宽度及高度，如测量角焊缝的焊脚尺寸，判断焊缝是否对称，如图 2-39、图 2-40 所示。

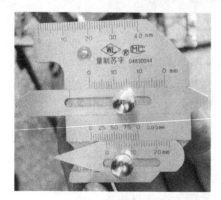

图 2-38　焊角尺

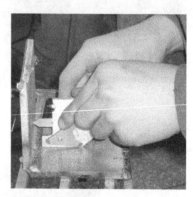

图 2-39　测量底板一侧的焊脚尺寸

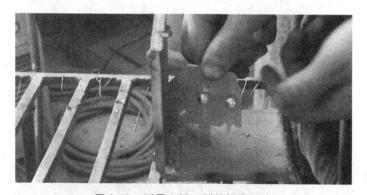

图 2-40　测量立板一侧的焊脚尺寸

• 项目 3　钢材的表示方法 •

作为产品的制造者之一，要对钢材上所写标记有所了解，避免使用时出错。钢材一般堆放在生产场地附近的料场，生产车间也有小型料场。碳钢与不锈钢要分开堆放，各种规格的钢板要分区堆放，如图 2-41 所示。型钢（钢管、角钢、槽钢）要分开放置（见图 2-42），且型钢的放置区域要与钢板区、钢管区（见图 2-43）隔离开。每个场地都要有配合的天车，以便将原材料吊运到运输车上送到各加工车间。

图 2-41　各种规格的碳钢钢板（料场的一角）

制造产品时要读懂产品的结构图样及工艺要求，不能把材质、规格弄错。因此必须要掌握钢材的表示方法。常见的主要钢材的表示方法见表 2-2。

图 2-42　各种规格的槽钢、
角钢、圆钢（料场的一角）

图 2-43　各种规格的钢管（料场的一角）

表 2-2　常见的主要钢材的名称、形状和尺寸的表示方法

序号	名称	形状	尺寸表示方法
1	钢板		$\delta \times B \times L$（热轧）　冷 $\delta \times B \times L$（冷轧） 例：钢板 10mm×1000mm×1200mm 表示厚度为 10mm、宽度为 1000mm、长度为 1200mm
2	钢管		管 $\phi D \times \delta \times L$（热轧）冷管 $\phi D \times \delta \times L$ 煤气管 $\phi D \times \delta \times L$ 例：管 ϕ30mm×2mm×5000mm 表示外径为 30mm、壁厚为 2mm、长度为 5000mm
3	圆钢		圆钢 $d \times L$ 例：圆钢 300mm×2000mm 表示外径为 300mm、长度为 2000mm

（续）

序号	名称	形状	尺寸表示方法
4	方钢	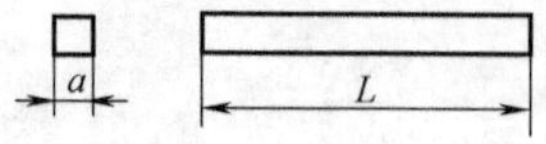	方钢 $a \times L$ 例：方钢 100mm×500mm 表示边长为 100mm、长度为 500mm
5	六角钢	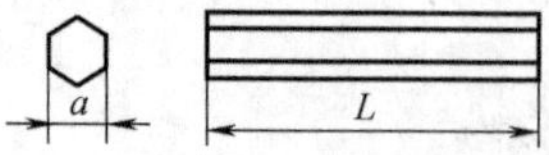	六角钢 $a \times L$ 例：六角钢 80mm×500mm 表示两平行表面间距离为 80mm、长度为 500mm
6	扁钢	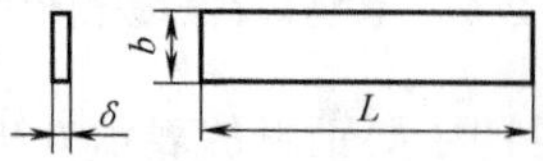	扁钢 $\delta \times b \times L$ 例：扁钢与钢板的标记方法相同
7	角钢	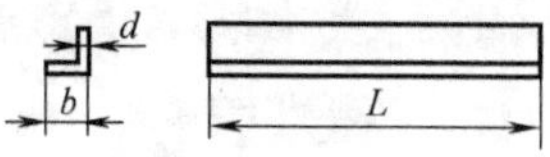	└ $b \times b \times d - L$（等边）└ $B \times b \times d - L$（不等边） 例：└ 50mm×50mm×5mm-2000mm 表示角钢的边长为 50mm、厚度为 5mm、长度为 2000mm
8	槽钢	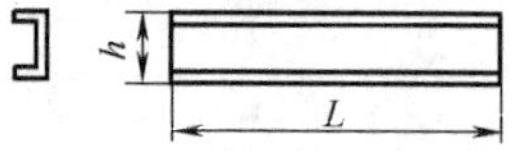	[$h-L$ 例：[10—3000 表示槽钢的高度为 100mm、长度为 3000mm
9	工字钢	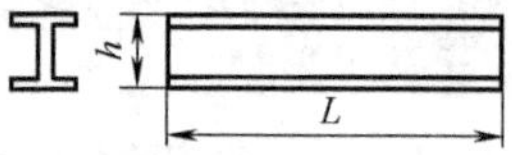	Ⅰ $h-L$ 例：Ⅰ 10—3000 表示Ⅰ钢的高度为 100mm，长度为 3000mm

• 项目4 坡口的加工 •

钢材连接时，接头处必须焊透。厚钢板之间的对接，边缘必须开坡口才能保证焊透；钢管之间的对接，接头处也要开坡口；板与钢管焊接（板与管处于水平、垂直、倾斜 45°时焊接）时，钢管的边缘要开坡口（管子端部在车床上车削完成坡口），以保证接头处填充金属的填充量。

1. 坡口

焊接厚钢板（>6mm）时，为了保证构件的焊接质量和连接强度，用机加工的方法在接头处加工出的型面，称为坡口。

2. 开坡口的方法及特点

（1）气割加工 钢板的边缘开坡口，主要是半自动气割和自动气割。通常用小车式半自动切割机。小车带着割嘴在专用的轨道上自动地移动，轨道需要操作人员进行调节，如图 2-44 所示。

（2）机械加工

1）用刨边机加工坡口。这一过程由冷作工及吊车工来完成。将需要开坡口的钢板吊运到刨边机的工作台上，根据图样要求的坡口形状及尺寸，调整钢板的位置，然后起动液压装置，控制机架上的压铁下移，将钢板压紧在工作台上，如图 2-45 所示。

图 2-44 钢板边缘用半自动切割机开坡口

图 2-45 将钢板压紧在工作台上

钢板边缘需要加工 X 形坡口，两位操作者坐在操作椅上，开动刨边机，刨边机在轨道上进行往复直线运动。刨边机前部刀架上安装两把刨刀，一把刨削上部坡口，另一把刨削下部坡口（每个行程只能完成一种坡口）。每一次的切削量不能过大，经过多次往复加工才能完成坡口加工，如图 2-46 所示。

2）用铣边机加工坡口。铣边机有两把铣刀，将钢板边缘铣出上、下坡口。钢板被压铁压紧在铣边操作台上，压铁由液压装置控制。将铣削各参数输入到铣边机的操作系统中，面板上会显示加工数据，铣边机沿轨道自行切削（操作者不必跟随），铣削过程中两把铣刀倾斜的角度不变，经过多次进给完成坡口加工，如图 2-47 所示。

图 2-46 用刨边机加工 X 形坡口

图 2-47 用铣边机加工坡口

检测铣削后钢板的坡口及尺寸是否符合图样的要求，如图 2-48 所示。

图 2-49 所示为铣削加工完成的 X 形坡口，上下斜面与竖直方向倾角为 30°，两斜面并非相交于一条线，而是留有 2mm 的钝边，如图 2-49 所示。

（3）碳弧气刨加工 碳弧的高温使金属局部加热到熔化的状态，利用压缩空气的气流把熔化的金属吹掉，如图 2-50 所示。碳弧气刨的工具是碳弧气刨枪（见图 2-51），气刨时必须顺风操作，防止烫伤。碳弧气刨可以完成刨坡口、清焊根、清铸件、切割不锈钢等。碳弧气刨可以用于仰、立位的刨削。没有震耳的噪声。碳弧气刨过程中会产生有害烟雾，所以现场要有良好的通风。

图 2-48　检测铣削的坡口

图 2-49　铣削加工完成的 X 形坡口

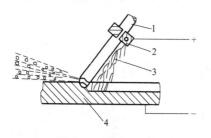

图 2-50　碳弧气刨

1—碳棒　2—刨钳　3—气流　4—工件

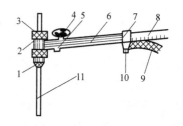

图 2-51　碳弧气刨枪

1—喷嘴　2—刨钳　3—螺母　4—阀门
5—导管　6—手把　7—导柄套　8—软管
9—导线　10—螺栓　11—碳棒

碳弧气刨开 U 形坡口实例

高压容器的筒体对接，筒体的壁厚较大（>80mm），对接的环缝需要开 U 形坡口，这样能够减少焊接后的应力集中，接缝处的应力及变形较小，如图 2-52 所示。

将待开坡口的筒体放置在转罐机上，电动机带着筒体缓慢地旋转，旋转一周后，对筒体环缝完成一层的刨削。要经过多次刨削后，才能完成筒体环缝坡口的加工，如图 2-53 所示。

3. 坡口的检查

1）坡口是否平滑，有无毛刺和氧化铁熔渣。

2）坡口的形状、角度、钝边尺寸、圆弧半径是否符合图样要求。

若在钢板上进行穿管焊接，需要将钢板车削出一个孔，为了保证焊接强度，孔口的边缘要车削出坡口，在加工过程中，要检查坡口面的跳动量和坡口的角度，如图 2-54、图 2-55 所示。

图 2-52　筒体对接环缝用碳弧气刨开 U 形坡口

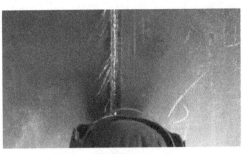

图 2-53　环缝坡口完成刨削

图 2-54　用百分表检查坡口的跳动量

图 2-55　用万能角度尺检查坡口的角度

4. 坡口的形状与尺寸

常见的坡口形状及尺寸见表 2-3。

表 2-3　常见的坡口形状及尺寸

序号	名称	坡口形状	尺　寸				
			单位/mm			(°)	
			δ	p	b	α	β
1	I 形		3~4	—	1±0.5	—	—
2	V 形		6~20	2	2~3	60	—

（续）

序号	名称	坡口形状	尺　寸				
			单位/mm			(°)	
			δ	p	b	α	β
3	X形		$20\sim30$	2	4	60	60
4	K形		$20\sim40$	2	4	45	45
5	U形		$20\sim60$	2	4	10	—

注：V形、K形坡口加工方便，但焊后的变形较大，X形坡口工件焊后的变形及应力较小。U形坡口焊后的应力及变形较小，但加工坡口困难，只用于重要结构。目前X形坡口应用广泛。

● 项目5　焊接符号 ●

坡口尺寸及焊缝形式在图样上一般采用技术制图的方法表示。为了简化焊缝在图样上的表示方法，国家标准规定了焊缝符号及坡口尺寸的表示方法。

1. 焊缝符号

焊缝的结构形式用焊缝符号来表示，焊缝符号主要由基本符号和指引线组成。必要时可以加上辅助符号、补充符号、尺寸符号及数据等。

常见的钢板焊接接头及焊缝形式如图2-56所示。

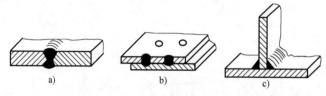

图2-56　常见的焊接接头及焊缝形式

a）对接接头　b）搭接接头　c）T形接头

（1）焊缝的基本符号（见表 2-4）　它用来说明焊缝横截面的形状，线宽为标注字符高度的 1/10，如字高 3.5mm，则线宽为 0.35mm。

表 2-4　常用焊缝基本符号

焊缝名称	焊缝型式	符号	焊缝名称	焊缝型式	符号
V 形		$\vee$	I 形		$\|\|$
单边 V 形		$\vee$	点焊		$\bigcirc$
带钝边 V 形		Y	角焊		$\triangleright$
U 形		$\underline{\vee}$	封底焊缝		$\smile$

（2）焊缝的辅助符号（见表 2-5）　它是表示焊缝表面形状的符号，如凸起或凹陷等。

表 2-5　常用焊缝辅助符号

名　称	示意图	符　号	说　明
平面符号		——	焊缝表面平齐（一般通过加工）
凹面符号		$\smile$	焊缝表面凹陷
凸面符号		$\frown$	焊缝表面凸起

（3）焊缝的补充符号（见表 2-6）　它是表示焊缝范围等特征的符号。

表 2-6　焊缝的补充符号

名　称	示意图	符　号	说　明
带垫板符号		☐	表明焊缝底部有垫板

（续）

名　　称	示意图	符　号	说　明
三面焊缝符号		⊏	表示三面带有焊缝
周围焊缝符号		○	表示环绕工件周围有焊缝
现场焊接符号	—	◤	表示在现场或工地上进行焊接
尾部符号	—	＜	可以参照标注焊接工艺方法的内容

2. 焊缝符号在图样上的位置

（1）基本要求　完整的焊缝表示方法除了上述基本符号、辅助符号、补充符号以外，还包括指引线、一些尺寸符号及数据。

指引线采用细实线绘制，一般由带箭头的指引线（称为箭头线）和两条基准线（其中一条为实线，另一条为虚线，基准线一般与图样标题栏的长边平行）组成，必要时可以加上尾部（90°夹角的两条细实线），如图 2-57 所示。

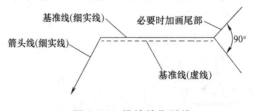

图 2-57　焊缝的指引线

（2）箭头线的位置　箭头线相对焊缝的位置一般没有特殊要求，当箭头线直接指向焊缝位置时，可以指向焊缝的正面或反面。但当标注单边 V 形焊缝、单边 Y 形焊缝和带钝边的单边 J 形焊缝时，箭头线应当指向有坡口一侧的工件，如图 2-58a、b所示。

（3）基准线的位置　基准线的虚线可以画在基准线实线的上方或下方，如图 2-58c 所示。基准线一般应与图样的底边相平行，但在特殊情况下也可以与底边相垂直。

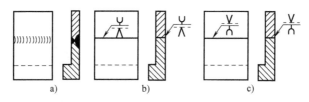

图 2-58　基本符号相对于基准线的位置（U、V 形组合焊缝）

（4）基本符号相对基准线的位置　为了能在图样上确切地表示焊缝的位置，特将基本符号相对基准线的位置作如下规定：

1）如果焊缝在接头的箭头侧，则将基本符号标在基准线的实线侧，如图 2-59b 的上方角焊缝符号。

2）如果焊缝在接头的非箭头侧，则将基本符号标在基准线的虚线侧，如图 2-59b 下方的角焊缝符号。

3）标对称焊缝及双面焊缝时，可不加虚线，如图 2-60 和图 2-61 所示。

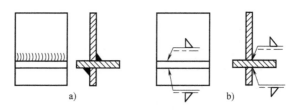

图 2-59　基本符号相对基准线的位置（双角焊缝）

a）焊缝位置　b）焊缝标注

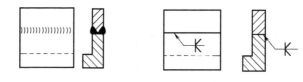

图 2-60　双面焊缝（单边 V 形焊缝）

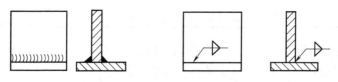

图 2-61　对称焊缝标注（角焊缝）

3. 焊缝尺寸符号及其标注位置

1）焊缝的尺寸符号包括角度、高度及长度方向的尺寸，如图 2-62 所示。焊

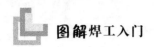

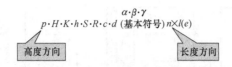

$$\begin{array}{c} \alpha \cdot \beta \cdot \gamma \\ p \cdot H \cdot K \cdot h \cdot S \cdot R \cdot c \cdot d \text{ (基本符号)} n \times l(e) \end{array}$$

高度方向　　　　　　　　　　　长度方向

图 2-62　焊缝的尺寸符号

缝的尺寸符号见表 2-7。

表 2-7　焊缝尺寸符号

符号	名　称	示意图	符号	名　称	示意图
δ	工件厚度	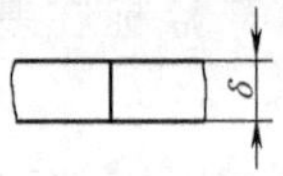	e	焊缝间距	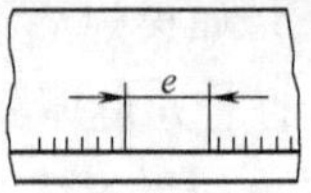
α	坡口角度	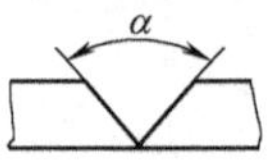	K	焊角尺寸	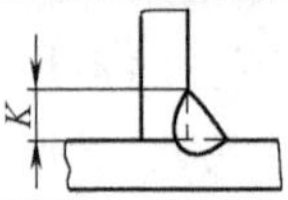
b	根部间隙	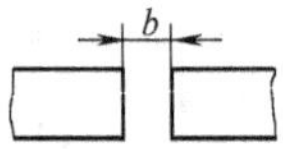	d	熔核直径	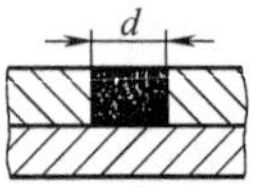
p	钝边	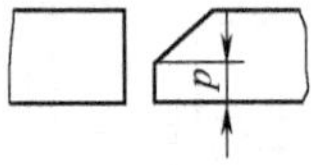	S	焊缝有效厚度	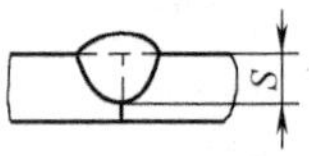
c	焊缝宽度	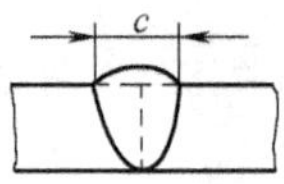	N	相同焊缝数量符号	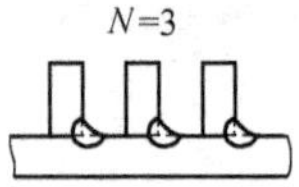 $N=3$
R	根部半径	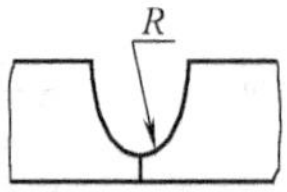	H	坡口深度	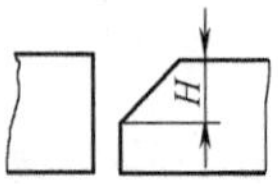
l	焊缝长度	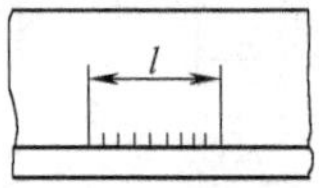	h	余高	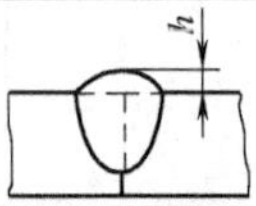
n	焊缝段数	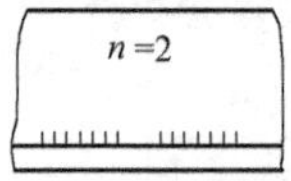 $n=2$	β	坡口面角度	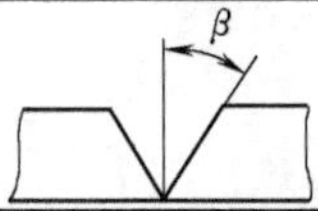

2）焊缝尺寸符号及数据的标注原则如图 2-63 所示。

① 焊缝横截面上的尺寸标在基本符号的左侧；

② 焊缝长度方向尺寸标在基本符号的右侧；

③ 坡口角度、坡口面角度、根部间隙等尺寸标在基本符号的上侧或下侧；

④ 相同焊缝数量符号标在尾部；

⑤ 当需要标注的尺寸数据较多又不易分辨时，可在数据前面增加相应的尺寸

70

符号。

　　当箭头线方向变化时，上述原则不变。

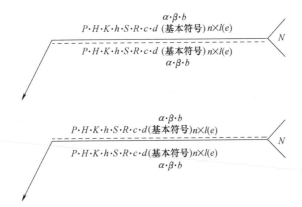

图 2-63　焊缝尺寸的标注原则

　　焊缝尺寸的标注示例见表 2-8。常见焊缝标注说明见表 2-9。

表 2-8　焊缝尺寸的标注示例

序　号	名　称	示　意　图	焊缝尺寸符号	示　例
1	对接焊缝		S:焊缝有效厚度	$S\ \bigvee$
				$S\ \parallel$
				$S\ \curlyvee$
2	卷边焊缝		S:焊缝有效厚度	$S\ \parallel$
				$S\ \wedge$
3	连续角焊缝		K:焊角尺寸	$K\ \triangle$

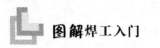

（续）

序号	名称	示意图	焊缝尺寸符号	示例
4	断续角焊缝	l:焊缝长度(不计弧坑) e:焊缝间距 n:焊缝段数	$K \triangleright n \times l(e)$	
5	交错断续角焊缝	l e }见序号4 n K:见序号3	$\begin{matrix}K\\K\end{matrix}$ $\begin{matrix}n \times l & (e)\\n \times l & (e)\end{matrix}$	
6	塞焊缝或槽焊缝	l e }见序号4 n c:槽宽	$c \sqcap n \times l(e)$	
6	塞焊缝或槽焊缝	n }见序号4 e d:孔的直径	$d \sqcap n \times (e)$	
7	缝焊缝	l e }见序号4 n c:焊缝宽度	$c \ominus n \times l\ (e)$	
8	点焊缝	n:见序号4 e:间距 d:焊点直径	$d \bigcirc n \times (e)$	

表 2-9　常见焊缝标注及说明

标注示例	说明
$6 \vee \ll 111$ $70°$	V 形焊缝,坡口角度 70°,焊缝有效高度 6mm
4	角焊缝,焊脚尺寸 4mm,在现场沿工件周围焊接

72

(续)

标注示例	说　　明
⊏5⊐	角焊缝,焊脚尺寸 5mm,三面焊接
5 ▯ 8×(10)	槽焊缝,槽宽(或直径)5mm,共 8 个焊缝,间距 10mm
5 ▷12×80(10)	断续双面角焊缝。焊脚尺寸 5mm,共 12 段焊缝,每段 80mm,间隔 10mm
5▽	在箭头所指的另一侧焊接,连续角焊缝,焊脚尺寸 5mm

4. 焊接方法的标注

在焊接结构图样上,焊接方法可按国家标准 GB/T 5185—2005 的规定用阿拉伯数字表示,标注在指引线的尾部。常用焊接方法表示代号见表 2-19。如果是组合焊接方法,可用"/"分开,左侧表示正面（或盖面）的焊接方法,右侧表示背面（或打底）的焊接方法。例如 V 形焊缝先采用钨极氩弧焊打底,后用焊条电弧焊盖面,则表示为 141/111。

焊缝符号表示方法的实例如图 2-64 所示。表达含义为:焊缝坡口采用带钝

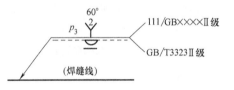

图 2-64　焊缝符号表示方法的实例

边的 V 形坡口;坡口间隙为 2mm;钝边高为 3mm;坡口角度为 60°;采用焊条电弧焊;背面封底焊（即焊缝背面清根后再封底焊）;背面焊缝要求打磨平整。

焊缝内部质量要求达到 GB/T 3323—2005《金属熔化焊焊接接头射线照相》的规定,Ⅱ级为合格。

表 2-10　常用焊接方法的数值代号

焊接方法名称	焊接方法代号	焊工考试规定符号
电弧焊	1	
焊条电弧焊	111(常用)	△
埋弧焊	12	

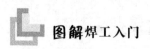

（续）

焊接方法名称	焊接方法代号	焊工考试规定符号
单丝埋弧焊	121	M
熔化极气体保护电弧焊	13	
熔化极惰性气体保护电弧焊（MIG）	131	
熔化极非惰性气体保护电弧焊（MAG） （如二氧化碳气体保护焊）	135（常用）	
非熔化极气体保护电弧焊	14	
钨极惰性气体保护电弧焊（TIG） （如氩弧焊）	141（常用）	W
气焊	3	
氧乙炔焊	311	Q

● 项目6 对焊接缺陷及焊缝外观的认识 ●

通过观看焊接试板的图片，对焊接的各种缺陷有一些直观的认识、知道其产生的原因，在实训及焊接操作中加以避免。对各种焊接方法、焊接位置的焊缝有直观的认识，知道何种外观的焊缝为合格焊缝。重要结构的焊缝要根据位置及要求，采用超声波探伤或各种射线探伤，因为外观良好的焊缝内部可能会有气孔、裂纹等缺陷。焊缝外观若有缺陷，即为不合格焊缝，要刨开焊缝进行补焊，再进行射线探伤。

1. 对焊缝缺陷外观的认识

（1）夹渣

1）定义。夹渣是指残留在焊缝金属中的焊渣，即由于焊接冶金过程中熔池中一些非金属夹杂物在结晶过程中来不及浮出而残存在焊缝内部。焊缝夹渣的情形如图 2-65 所示。

2）危害。夹渣不仅降低了力学性能，而且增加了产生热裂纹的倾向，诱发厚板的层状撕裂。

3）产生原因

① 焊接电流太小，液态金属和熔渣分不开。

② 焊接速度过快，熔渣来不及浮出来。

③ 多层焊对工件边缘和焊缝清理不干净。

④ 运条角度不正确。

4）防止措施。工艺上应选择适当的焊接参数，适当增大焊接电流并适当摆动电弧搅动熔池，适当拉开电弧吹开熔渣或焊道上的异物。使熔池存在时间不要太短。多层焊时，注意清除前层焊道的焊渣，正确运条，以利于熔渣浮出。

（2）焊瘤

1）定义。焊缝中的液态金属流到加热不足未熔化的母材上或从焊缝根部溢出，冷却后形成的未与母材熔合的金属瘤即为焊瘤。焊缝中存在焊瘤的情形如图2-66所示。

2）危害。焊瘤常伴有未熔合、夹渣缺陷，易导致裂纹。同时，焊瘤改变了焊缝的实际尺寸，会带来应力集中。若是管子的焊接，内部的焊瘤减小了管子的内径，可能造成流动物堵塞。

3）产生原因。间隙过大、焊条角度和运条方法不正确、焊接电流过大、焊接速度过慢等。

4）防止措施。尽量使焊缝处于平焊位置，因为在横、立、仰位置更易形成焊瘤。正确地选择焊接参数、正确掌握运条方法、灵活调整焊条角度、控制弧长、根部间隙不能过大等。

图 2-65　焊缝中存在夹渣

图 2-66　焊缝中存在焊瘤

（3）未焊透

1）定义。未焊透是指焊接时接头根部未完全熔透的现象，对接焊缝也指焊缝深度未达到要求的现象。即母材金属未熔化，焊缝金属没有进入接头根部的现象。单面焊双面成形的焊缝，其背面未焊透的情形如图2-67所示。

2）危害。首先未焊透减少了焊缝的有效面积，使接头强度和疲劳强度下降。其次，未焊透易引起焊接部位的应力集中，可能成为裂纹源。未焊透是造成焊缝破坏的重要原因。

3）产生原因

① 焊接电流小，熔深浅。

② 坡口和间隙尺寸不合理。

③ 层间及焊根清理不良等。

4）防止措施。使用较大的焊接电流焊接是防止未焊透的基本方法。用交流代替直流可以防止磁偏吹。焊接角焊缝时要合理设计坡口并加强清理。另外，用短弧焊等措施也可以有效地防止未焊透的产生。

（4）裂纹

1）定义。焊接时由于各种因素在熔池内部不断变化，在一定条件下会相互发生作用而产生裂纹。裂纹的外观有多种形式，如焊缝接头处的裂纹如图2-68所示。

2）危害。裂纹是比较严重的焊接缺陷，会导致钢结构脆断，结构疲劳破坏以及腐蚀破坏，若不及时发现及返修，会影响产品的焊接质量。

3）产生原因。不同情况下会产生不同的裂纹，通常有冷裂纹、热裂纹、再热裂纹等。

① 冷裂纹：焊缝在冷却过程中产生的裂纹（200~300℃）。

② 热裂纹：焊缝在高温条件下产生的裂纹，一般产生于焊缝内部。

③ 再热裂纹：钢结构进行高温回火时造成焊缝产生裂纹。

4）防止措施。提高构件的预热温度，焊接后构件要缓慢冷却，使焊缝内的应力松弛，达到减小应力集中的目的。选用合适的焊丝、焊剂匹配，严格清理焊丝和焊接区域，烘干焊剂。

图2-67　板料未焊透（单面焊双面成形的背面焊缝）

图2-68　焊缝的接头出现裂纹（焊缝上部）

（5）咬边

1）定义。咬边是金属焊接的一种不良焊接状态，即在焊缝边缘的母材上出现被电弧烧熔的凹槽。产生的原因主要是焊接电流过大或电弧过长。发生咬边的焊缝如图 2-69 所示。

2）危害。造成应力集中，力学性能下降，严重时会产生裂纹而裂断。

3）产生原因。焊接电流过大，母材金属熔化过快，焊条熔化的金属无法及时填满母材棱边熔化的沟槽，因而形成咬边。

4）防止措施。焊接时选好焊接参数，焊条摆动到两侧坡口的边缘均作短暂停留，再继续前行摆动。熔池的外侧宽度一致，后面熔池要盖住前面熔池的 3/4，这样熔化的焊条金属很快就将原来的咬边处迅速填满。

（6）气孔

1）定义。焊缝中出现的孔洞称为气孔，如图 2-70 所示。

2）危害。气孔会使焊缝的强度降低，腐蚀加剧，导致结构过早失效。

3）产生原因。未烘干焊条，定位焊未按正式焊接要求进行，焊接区的清理未达到要求。

4）防止措施。将焊接区的水分、油污、铁锈等清理干净，烘干焊条；按正式焊接要求进行定位焊。

图 2-69　焊缝咬边（上部左右侧）

图 2-70　焊缝上有气孔（上部右侧）

2. 对各种位置焊缝外观的认识

（1）焊接时经常使用的名词

1）焊条

① 酸性焊条。药皮中含有较多酸性氧化物（TiO_2、SiO_2）的焊条，称为酸性焊条。

② 碱性焊条。药皮中含有较多碱性氧化物（CaO、$NiaO$）的焊条，称为碱性焊条。

2）焊层

① 打底焊。开坡口后的第一道焊缝。

② 填充焊。打底后进行的中间层的焊接。

③ 盖面焊。最外层焊缝，焊缝较薄，焊波较细，成形美观。

④ 多层多道焊。如二层三道，就是焊缝由两层焊接完成，第一层打底是一道，第二层（填充及盖面）为两道。

3）常用焊接方法

① 焊条电弧焊。用手工操纵焊条进行焊接的电弧焊方法。

② 二氧化碳气体保护焊。利用二氧化碳气体作为保护气体的气体保护焊。

③ 钨极氩弧焊。使用钨极作为电极、氩气作为保护气体的气体保护焊。

4）埋弧焊。利用焊丝与焊件之间燃烧的电弧所产生的热量来熔化焊丝、焊剂和焊件接头，从而形成焊缝；电弧在焊剂层下燃烧进行焊接的方法。

（2）工件的几种焊接位置

1）平焊。待焊接的接头处在水平面内（焊缝位于水平面内）。

2）立焊。待焊接的接头处在正平面内（接缝线为铅垂线）。

3）横焊。待焊接的接头处在正平面内（接缝线为侧垂线）。

4）仰焊。待焊接的接头在待焊件下方，要仰视接头进行焊接。

5）平角焊。两板料互相垂直（交线为侧垂线），成 T 形或 L 形，需要焊接的角焊缝。

6）立角焊。两板料互相垂直（交线为铅垂线），成 T 形或 L 形，需要焊接的角焊缝。

（3）应用各种焊接位置及方法的典型试件

1）平角焊。两板角接成直角（平角焊），采用二氧化碳气体保护焊，3 层 6 道（盖面 3 道），焊缝的外观如图 2-71 所示。

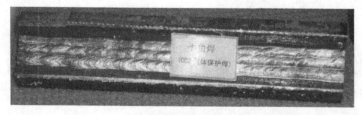

图 2-71　平角焊（二氧化碳气体保护焊）

2）对接横焊。两板对接横焊，采用焊条电弧焊（酸性焊条）进行多层多道焊（焊接的难度远大于平焊），焊缝的外观如图 2-72 所示

3）两板对接平焊

① 采用钨极氩弧焊，焊缝的外观如图 2-73 所示。

② 采用焊条电弧焊（碱性焊条），焊缝的外观如图 2-74 所示。

③ 采用二氧化碳气体保护焊，焊缝的外观如图 2-75 所示。

图 2-72　两板对接横焊（焊条
电弧焊、酸性焊条）

图 2-73　采用钨极氩弧焊的平焊缝

图 2-74　两板对接平焊
（焊条电弧焊、碱性焊条）

图 2-75　两板对接平焊
（二氧化碳气体保护焊）

4）两板对接立焊。由于采用的焊接方式不同（焊条电弧焊、钨极氩弧焊、二氧化碳气体保护焊）、板料的厚度不同，因此板料所开的坡口不同，得到焊缝的焊脚宽度及焊脚尺寸也不同，如图 2-76～图 2-80 所示。

图 2-76　薄板立焊
（酸性焊条）

图 2-77　厚板立焊
（酸性焊条）

图 2-78　薄板立焊
（钨极氩弧焊）

图 2-79　厚板立焊（碱性焊条）

图 2-80　厚板立焊（二氧
化碳气体保护焊）

5）埋弧焊。埋弧焊只能进行板对接平焊，用于长直焊缝（或较大直径的筒体）的焊接，焊缝的外观结构如图 2-81 所示。

6）板对接横焊。采用二氧化碳气体保护焊，两板对接处于横焊的位置。采用多层多道焊（4 层、10 道），焊缝的外观如图 2-82 所示。

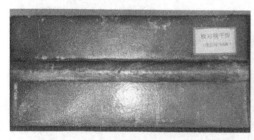

图 2-81　板对接平焊（埋弧焊）

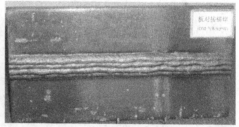

图 2-82　焊接对接钢板的横缝
（二氧化碳气体保护焊）

7）钢管各种位置的焊接

① 常见钢管对接的形式有水平管、垂直管、倾斜 45°管（管子的轴线分别处于水平位置、垂直位置、倾斜 45°位置），直径小的钢管采用两层焊接即可（打底焊、盖面焊）。采用钨极氩弧焊的水平管、垂直管分别如图 2-83 和图 2-84 所示。

图 2-83　焊接水平管

（钨极氩弧焊）

图 2-84　焊接垂直管

（钨极氩弧焊）

② 采用焊条电弧焊对钢管进行水平、倾斜 45°、垂直三种位置的焊接，焊缝的外观如图 2-85 所示。

图 2-85　焊条电弧焊焊接钢管

a）水平位置焊接　b）倾斜 45°焊接　c）垂直位置焊接

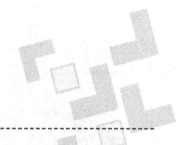

模块3

焊条电弧焊

阐述说明

　　焊条电弧焊是用手工操纵焊条进行焊接的电弧焊方法，用于结构形状复杂，焊缝较短、弯曲或各种空间位置的焊接。操作位置多变，焊缝质量取决于操作者技术的熟练程度，因此操作者要通过大量的实际练习（各种接头形式及空间位置）才能掌握焊条电弧焊的操作要领。

● 项目 1　焊接基本知识 ●

　　常用的焊接方法主要有熔焊（电弧焊）、压焊和钎焊三大类。焊条电弧焊属于熔焊的一种。

1. 焊条电弧焊概述

　　（1）概念　焊条电弧焊即通过电弧加热把两个分离的金属接头局部熔化、填充、凝固后达到原子（分子）间的结合，从而获得接头永久牢固整体的连接方法。焊条电弧焊属于熔焊的一种。

　　（2）特点　焊条电弧焊设备简单、操作灵活、方便，适应各种条件下的焊接。

　　（3）原理　焊条电弧焊焊接时，焊条和焊件作为两个电极，焊机提供电源，电弧热使焊条和焊件同时熔化，熔化的金属在电弧的吹力下形成熔池（凹坑）。焊条的熔滴借助重力和电弧的吹力，落到熔池里。药皮在电弧的吹力搅拌下，发生冶金反应。反应后的熔渣和气体从熔化的金属中排出。熔渣盖在焊缝的表面，冷凝后成渣壳。气体排出既减少焊缝生成气孔的可能性，又防止空气的侵入。随着电弧的移动，焊件和焊条金属不断地熔化形成新的熔池。原先的熔池则不断地冷却凝固，形成连续的焊缝，如图 3-1 所示。

（4）焊接电弧　焊接电弧就是在焊条和焊件（电极）间的气体介质中产生的强烈而持久的放电现象，如图 3-2 所示。

（5）电弧的构造　如图 3-3 所示，电弧由阴极区、阳极区和弧柱区三部分组成。不同的材料其电极温度是不同的，故三个区的温度范围是：阴极区温度在 2400℃ 左右；阳极区温度在 2600℃ 左右；弧柱区温度在 6000～8000℃。

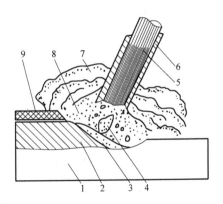

图 3-1　焊条电弧焊焊接过程

1—焊件　2—焊缝　3—熔池　4—金属熔滴
5—焊芯　6—焊条药皮　7—气体
8—液态熔渣　9—焊渣

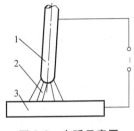

图 3-2　电弧示意图

1—焊条　2—电弧　3—焊件

图 3-3　电弧的构造

（6）直流弧焊机的接法　常见的直流弧焊机如图 3-4 和图 3-5 所示。

1）正接法。焊件接正极、焊条接负极，得到的热量高，适用于厚板的焊接。

2）反接法。焊件接负极、焊条接正极。得到的热量低，适用于薄板的焊接。

图 3-4　AX—320 型弧焊机

图 3-5　ZX5—400 型
晶闸管整流弧焊机

（7）交流弧焊机　电源极性是交变的，电极上产生的热量相同，不存在正接和反接的问题。

（8）焊条的组成　焊条由焊芯和药皮两部分组成。

1）焊芯。焊芯用于导电，熔化后成为焊缝金属的填充材料。

2）药皮。药皮起到稳弧、造气、造渣、防止空气侵入熔池的作用。

（9）焊条的种类　根据焊条药皮的性质不同，焊条可以分为酸性焊条和碱性焊条两大类。药皮中含有多量酸性氧化物（TiO_2、SiO_2等）的焊条称为酸性焊条。药皮中含有多量碱性氧化物（CaO、Na_2O等）的焊条称为碱性焊条。酸性焊条能交直流两用，焊接工艺性能较好，但焊缝的力学性能，特别是冲击韧度较差，适用于一般低碳钢和强度较低的低合金结构钢的焊接，是应用最广的焊条。碱性焊条脱硫、脱磷能力强，药皮有去氢作用，焊接的接头含氢量很低，故又称为低氢型焊条。碱性焊条的焊缝具有良好的抗裂性和力学性能，但工艺性能较差，一般用直流电源施焊，主要用于重要结构（如锅炉、压力容器和合金结构钢）的焊接。

（10）焊条的选择　可按母材的化学成分和力学性能来选择，如不锈钢件的焊接选不锈钢焊条、铸铁件的焊接选铸铁焊条。也可按工件的工作条件和使用性能来选择。

（11）焊条直径　焊条的直径一般为 1.6~8mm，常用的焊条直径为 3.2mm。焊件的厚度大则选大直径焊条，焊件的厚度小要选择小直径焊条。

（12）焊接接头的形式　焊接接头的形式有对接、搭接、角接和 T 形接头四种，如图 3-6 所示。

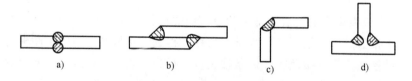

图 3-6　焊接接头的形式

a）对接接头　b）搭接接头　c）角接接头　d）T 形接头

（13）焊缝的空间位置　焊缝的空间位置有平位、立位、横位和仰位四种，如图 3-7 所示。

2. 焊接应力与变形简介

（1）焊接应力与变形的概念

1）内力。物体受外力的作用时，其内部产生的抵抗外力的力，称为内力。

2）应力。物体单位面积上所承受的内力称为应力。

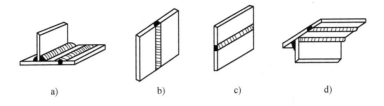

图 3-7 焊缝的空间位置

a）平焊缝 b）立焊缝 c）横焊缝 d）仰焊缝

3）焊接应力。因焊接而产生的应力称为焊接应力。

4）变形。物体受到作用力时，发生尺寸、形状的改变称为变形。

5）局部变形。局部变形指构件某一部分的变形，如图 3-8 所示。

6）整体变形。整体变形指整个构件的形状和尺寸发生变化，如图 3-9 所示。

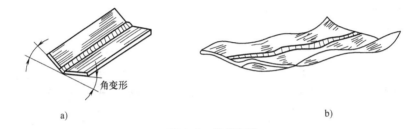

图 3-8 局部变形

a）角变形 b）波浪变形

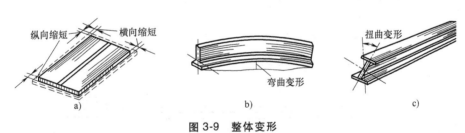

图 3-9 整体变形

a）收缩变形 b）弯曲变形 c）扭曲变形

（2）焊接应力与变形产生的原因 焊接过程中焊件的局部受热不均匀，焊缝及焊缝附近的金属受热膨胀及冷却后收缩的量不均匀，使焊件发生变形，如图 3-10 所示。

（3）减小焊接变形的方法 在同一焊接结构上存在许多条焊缝，采用合理的焊接顺序及方法会使结构的变形最小。

1）对称结构。焊件为对称结构时，两个焊工对称焊接，产生的变形可以互相抵消，如图 3-11 所示。

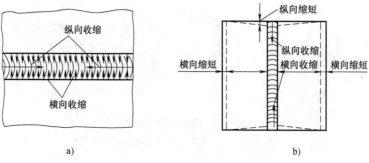

图 3-10　焊缝的纵横向收缩与变形

2）不对称结构。先焊焊缝少的一侧，后焊焊缝多的一侧，可以减小焊接变形，如图 3-12、图 3-13 所示。

3）分段焊接。采用适当的焊接顺序分段焊接，尽量不要一次焊到底，那样会产生较大的变形，如图 3-14 所示。

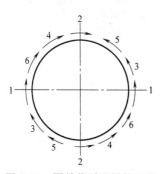

图 3-11　圆筒体对称焊接顺序

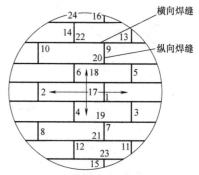

图 3-12　大型容器底板拼接的焊接顺序

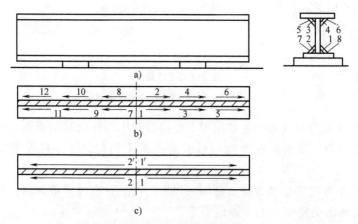

图 3-13　工字梁的焊接顺序

a）工字梁焊前垫平　b）单人焊接的焊接顺序　c）双人焊接的焊接顺序

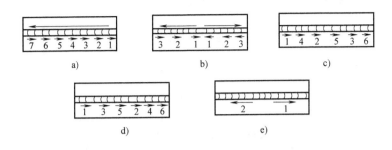

图 3-14　采用不同的焊接顺序分段焊接

a) 逐步退焊　b) 分中逐步退焊　c) 跳焊

d) 交替焊　e) 分中对称焊

4) 反变形法。焊前向焊后变形方向的反方向进行人为的变形，达到与焊接变形互相抵消的目的，但要测好反变形量，如图 3-15 和图 3-16 所示。

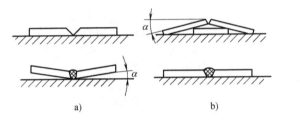

图 3-15　钢板对接时的反变形法

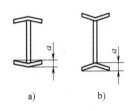

图 3-16　焊接工字梁时的反变形法

5) 刚性固定法。刚性固定就是采用强制手段来提高构件的刚度，减小焊接后的变形。用此方法需在焊件完全冷却后，才能撤去固定夹具，常用的方法有利用重物固定（见图3-17）、定位焊固定、夹具固定（见图3-18）、加临时支撑固定（见图3-19、图3-20）。需要注意，刚性固定法只适用于焊接性较好的焊件，对于焊接性较差的中碳钢及合金钢，不宜采用刚性固定法焊接，以免产生裂纹。

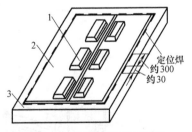

图 3-17　拼接薄板时用重物固定防止波浪变形

1—压铁　2—焊件　3—平台

（4）矫正工件变形的方法

1) 采用机械矫正，机械矫正一般包括液压机矫正和千斤顶矫正，如图 3-21 所示。

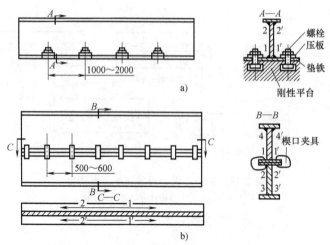

图 3-18　工字梁用刚性夹紧的方式进行焊接

a）将翼板紧固在平台上　b）用楔口夹具将两翼板紧固

1~4 为焊接顺序

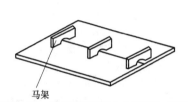

图 3-19　钢板对接时加"马架"固定

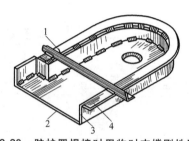

图 3-20　防护罩焊接时用临时支撑刚性固定

1—临时支撑　2—底平板　3—立板　4—圆周法兰盘

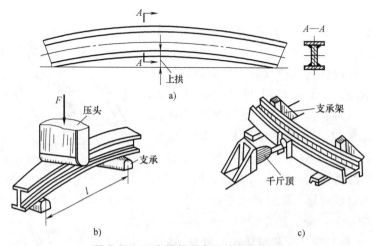

图 3-21　工字梁焊后变形的机械矫正

a）工字梁的焊后变形　b）用液压机矫正　c）用千斤顶矫正

2）采用火焰和外力结合的方法进行矫正，如图 3-22 所示。用火焰加热需要矫正部位的纤维长处，利用金属热胀冷缩的特性，冷却后该处就会收缩。

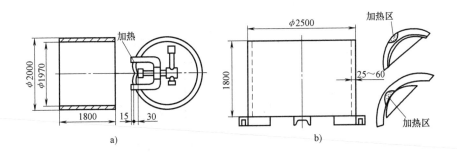

图 3-22　筒体变形的矫正

a）筒体内凹变形的矫正　b）筒体圆度的矫正

（5）矫正箱形梁的方法（见图 3-23）

1）箱形梁上拱。加热上拱部分的腹板和翼板，再配合外力进行矫正，如图 3-23a 所示。

2）箱形梁旁弯。加热上拱部分的两翼板，再配合外力进行矫正，如图 3-23b 所示。

3）箱形梁扭曲。加热中部腹板，加热后马上拧紧螺栓来进行矫正，如图 3-23c 所示。

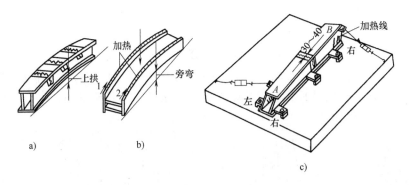

图 3-23　箱形梁焊后变形的火焰矫正

a）上拱的矫正　b）旁弯的矫正　c）扭曲的矫正

（6）转炉风管的火焰矫正

1）转炉风管的结构如图 3-24 所示，由总管和支管焊接而成。

2）变形原因。支管位于总管的一侧，焊后易发生向下的弯曲变形。

3）矫正方法。采用火焰矫正，加热的位置选在支管相对的一侧，用三角形加热法。加热的范围为总管的 120° 所对应的弧长，温度约 800℃，分 5 处加热，如图 3-24 所示。

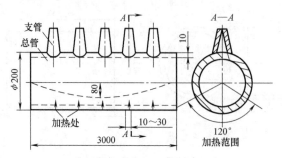

图 3-24　转炉风管的火焰矫正

● 项目 2　焊条电弧焊的基本操作练习 ●

练习 1　引　　弧

焊条电弧焊时引燃焊接电弧的过程称为引弧。

1. 引弧方法

焊条电弧焊的引弧方法有直击法和划擦法两种。

（1）直击法引弧　焊条的前端对准焊接位置，手腕下弯让焊条前端轻微碰一下焊件，再迅速将焊条提起 2~4mm 即产生电弧。引弧后，手腕放平，使弧长保持在与所用焊条直径相适应的范围内，如图 3-25 所示。

（2）划擦法引弧　焊条的前端对准焊接位置，然后将手腕扭转一下，使焊条前端在焊件的表面上轻微地划擦一下，再迅速将焊条提起 2~4mm，即在空气中产生电弧，引弧后使电弧长度不超过焊条直径。这种引弧易于掌握，但会损伤焊件表面，如图 3-26 所示。

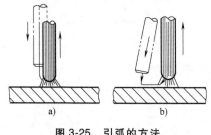

图 3-25　引弧的方法

a）直击法　b）划擦法

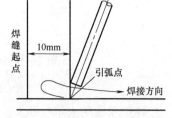

图 3-26　划擦法引弧位置示意图

2. 练习要点

1) 引弧处不能有油污、锈斑，以免影响导电和使熔池产生氧化物，导致焊缝产生气孔和夹渣。

2) 焊条与焊件接触后，提起的时间要适当。速度太快则气体电离差，难以形成稳定电弧，速度太慢则焊条与焊件粘在一起造成短路，时间过长会烧坏电焊机。

若焊条粘在焊件上，不要慌忙，要迅速左右摆动焊钳，使焊条脱离。如果焊条还不能脱离焊件，则立即将焊钳松开从焊条上取下，待焊条冷却后，用手将焊条扳下来。

3) 引弧的熟练程度决定了引弧质量，在规定时间内，引弧位置越准确、成功次数越多则说明越熟练。初学引弧，如果多次被电弧光灼到眼睛，应暂停一段时间再进行练习。注意刚焊完的焊件和焊条头不要用手触摸，以免烫伤。

练习 2　平　敷　焊

平敷焊是在平焊位置焊件上堆敷焊道的一种操作方法，是初学焊工的最基础练习。

1. 操作准备

手工/氩弧两用机 WS-400、练习钢板（8mm×150mm×250mm）、焊条（E4303 或 E5015、直径 $\phi3.2$mm 或 $\phi4$mm）、锤子、样冲、扁铲、石笔、钢丝刷。

2. 操作步骤

1) 用砂纸、钢丝刷打磨待焊处，直至露出金属光泽。

2) 在钢板上划直线，并打样冲眼作标记。

3) 起动电焊机、调节焊接参数。

4) 引弧并起头。

5) 运条、收弧、清渣。

6) 检查焊缝质量。

3. 焊道的起头

1) 起头是指刚开始焊接阶段，此时焊件的温度较低，而引弧后又不能使焊件温度立即升高，所以起点部分的熔池较浅，焊道略高些。焊条在引弧后 1~2s 内，药皮未形成大量的保护气体，最先的熔滴是在无保护的情况下过渡到熔池中的，如果熔滴得不到二次熔化，其内部的气体就会在焊道中形成气孔。

2) 解决熔池较浅的问题可在引弧后先将电弧稍微拉长，使电弧对端头有预热作用，然后适当缩短电弧进行正式焊接。

3) 为了减少气孔，可采用挑焊法将前几滴熔滴甩掉。即电弧有规律地瞬间离开熔池，把熔滴甩掉，但焊接电弧并未中断。实际生产时可采用引弧板和引出板，即在焊缝的两端各装焊一块金属板，从这块板上开始引弧，焊后割掉。采用引弧板既能保证起头处的焊缝质量，又能使接头始端得到正常尺寸的焊缝，在焊接容器结构时经常使用，如图 3-27 所示。

4. 焊道的运条

在正常焊接阶段，焊条一般有三个基本运动，如图 3-28 所示。

（1）进给　沿焊缝的中心线向熔池进给，既是向熔池添加补充金属，也是为了在焊条熔化后，继续保持一定的电弧长度，因此焊条的送进速度与熔化速度相同。否则会发生断弧或焊条粘在焊件上的现象。电弧的长度通常为 2～4mm。

（2）移动　焊条沿焊接方向移动，控制焊道成形。若焊条移动速度太慢，则焊道会过高、过宽，焊接薄板则会发生烧穿；若焊条移动速度太快，则焊条和焊件熔化不均，焊道较窄，会发生未焊透的缺陷。

（3）摆动　焊条进行横向摆动，用电弧搅拌熔池，使气体和熔渣浮出，以保证焊缝的质量，并得到一定宽度的焊缝。焊条摆动的幅度视焊缝的宽度而定，窄焊缝可以不做横向摆动。

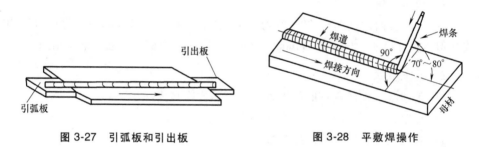

图 3-27　引弧板和引出板　　　　　图 3-28　平敷焊操作

5. 焊道的接头

焊接操作时，由于焊条长度的限制或操作姿势变换，一根焊条往往不可能完成一道焊道，焊道的接头形式常见的有 4 种，如图 3-29 所示。焊道的接头如图 3-30所示。具体操作过程如下：

1）在前面焊道的弧坑前 10mm 处引弧，将电弧移到原弧坑的 2/3 处，填满弧坑后进入正常焊接。如果移动过多则接头过高；移动过少则接头脱节，产生弧坑未填满的缺陷。焊道接头时，更换焊条要迅速，在熔池未冷却前进行接头，既保证焊接质量，又使焊道外表面成形美观，如图 3-31 所示。

2）将前面焊道的尾部焊接得略低些，先在尾部稍前处引弧，把电弧引向尾部并覆盖端头，待起头处焊平后再正常焊接，如图 3-32 所示。

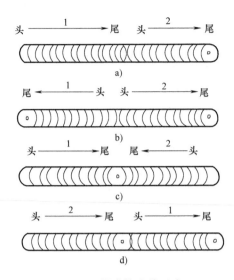

图 3-29　焊道接头的形式

1—先焊焊道　2—后焊焊道

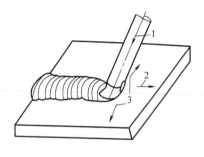

图 3-30　焊道的接头

1—向下填弧坑　2—控制焊道成形
3—控制焊道宽度

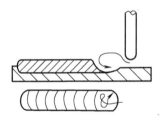

图 3-31　从先焊焊道末尾处接头（剖视图）

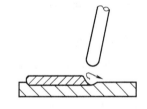

图 3-32　从先焊焊道端头处接头

3）从接口的另一端引弧，焊到前焊缝的结尾，降低焊接速度后填满弧坑，再以较快的速度略向前焊一小段后熄弧，如图 3-33 所示。

4）后面焊道尾部与前面焊道头部连接，用结尾的高温熔化前面焊道的起头处，将焊道焊平后快速收弧。

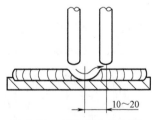

图 3-33　焊道接头的熄弧

6. 焊道的收尾

焊道收尾时若立刻拉断电弧，就会形成低于焊件表面的弧坑，过深的弧坑使焊道收尾处减弱，造成应力集中而产生弧坑裂纹，所以收尾动作既要熄弧，又要填满弧坑。

（1）划圈收尾法　焊条移至焊道终点时，作划圈运动，直至弧坑填满再拉断电弧，此法适用于厚板焊接，对于薄板则有烧穿的危险，如图3-34所示。

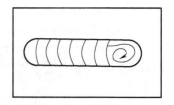

图3-34　画圈收尾法

（2）反复断弧收尾法　焊条移至焊道终点时，在弧坑上做数次反复熄弧—引弧，直至弧坑填满为止。此法适用于薄板焊接，但碱性焊条不能用此法，因为容易产生气孔，如图3-35所示。

（3）回焊收尾法　焊条移至焊道收尾处即停止，但未熄弧，改变焊条夹角，焊条由位置1转到位置2，待弧坑填满后再转到位置3，然后慢慢拉断电弧。这是碱性焊条常用的收尾方法，如图3-36所示。

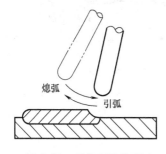

图3-35　反复断弧收尾法

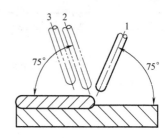

图3-36　回焊收尾法

7. 平敷焊的操作评定

1）正确运用焊道的起头、运条、连接和收尾的方法。

2）能正确使用焊接设备，调节焊接电流。

3）焊道的起头和连接处基本平滑，无局部过高现象，收尾处无弧坑。

4）焊件上无引弧痕迹，每道焊道的焊波均匀，无明显咬边。

练习3　对接平焊

对接平焊是在平焊位置上焊接对接接头的一种操作方法，如图3-37所示。其焊件的装配及定位焊要求如图3-38所示。

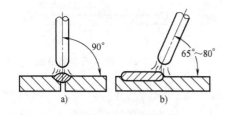

图3-37　对接平焊

a）主视图　b）左视图

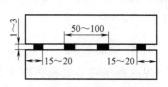

图3-38　装配及定位焊要求

1．操作准备

交流弧焊机（或手工/氩弧两用机 WS-400）；练习钢板 3 组，每组两块（2mm×100mm×300mm、4mm×100mm×300mm、8mm×100mm×300mm），分别为薄板焊接、不开坡口对接、开坡口对接；焊条（E4303 或 E5015、直径 $\phi3.2mm$ 或 $\phi4mm$）；锤子、扁铲、石笔、钢丝刷。

2．操作步骤

1）用砂纸、钢丝刷打磨待焊处，直至露出金属光泽。

2）装配两板及定位焊（定位焊缝的间距为 100mm 左右）。

3）矫正焊件。

4）引弧—运条—收尾—清渣。

5）检查焊缝质量。

3．装配及定位焊

1）定位焊缝作为正式焊缝的一部分，所用的焊条与正式焊接时相同，但焊接电流比正式焊接时大 10%～15%。

2）定位焊缝的余高不应过高，其两端应与母材平缓过渡，以防止正式焊接时产生未焊透缺陷。

3）定位焊之后，若接口不平齐，要进行矫正后才能进行正式焊接。

4）矫正焊件时若定位焊缝开裂，必须将裂纹处的焊缝铲除，用砂轮修磨后重新进行定位焊。

4．薄板对接平焊

当焊接厚度为 2mm 或更薄的焊件时，最容易产生烧穿、焊缝成形不良、焊后变形严重，故操作时要注意以下几点：

1）装配间隙越小越好，最大不应超过 0.5mm，钢板剪切时所留下的毛边在装配时应修磨（用角砂轮或锉刀修磨）。

2）装配两块钢板时，接口处的上下错边不应超过板厚的 1/3，对于要求高的焊件，要采用夹具组装（可将错边量控制在 0.2mm 以内）。

3）用小直径的焊条焊接，定位焊缝长度要短，近似点状，定位焊缝的间距要小。如果两板的组装间隙稍大，则间距更应减小。例如，焊接 1.5～2mm 厚的钢板，用 $\phi2mm$ 的焊条，60～90A 焊接电流进行定位焊，定位间距为 80～100mm。

4）焊接时采用短弧和快速直线往复式运条，以获得较小的熔池和整齐的焊缝成形，如图 3-39 所示。

5）定位焊后，进行焊接操作时，将焊件的一头垫起，使其倾斜 15°～20°进行下坡焊，这样可提高焊接速度和减小熔深，对防止烧穿和减小变形有利，如图

3-40所示。

6) 由于薄板受热易产生翘曲变形，焊后要进行矫正，直至符合要求。

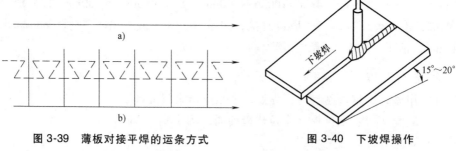

图 3-39　薄板对接平焊的运条方式
a) 直线形　b) 直线往复形

图 3-40　下坡焊操作

5. 厚板开坡口的对接平焊

较厚钢板焊接时应开坡口，以保证根部焊透。一般开 V 形或 X 形坡口，采用多层焊（见图 3-41）和多层多道焊（见图 3-42）。

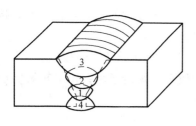

图 3-41　多层焊

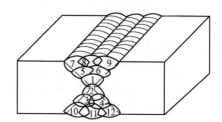

图 3-42　多层多道焊

（1）多层焊

1) 多层焊是指熔敷两个以上焊层完成整条焊缝所进行的焊接，而且焊缝的每一层由一条焊道完成。焊接第一层（打底层）焊道时，选取直径较小的焊条（一般为 $\phi 3.2mm$）。运条方法视间隙大小而定，间隙小采用直线形运条；间隙大采用直线往复形运条，以防烧穿。

2) 若间隙较大无法一次焊接完成，采用缩小间隙法完成打底层焊接，即先在坡口的两侧堆敷一条焊道，使间隙变小，然后再焊一条中间焊道，完成打底层焊接，如图 3-43 所示。

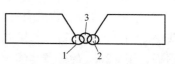

图 3-43　缩小间隙焊法

3) 焊接第二层时，先将第一层焊渣清理干净，然后用大直径焊条（一般为 $\phi 4 \sim \phi 5mm$）焊接，采用短弧，并增加焊条的摆动，常见的焊条摆动方法如图3-44所示。

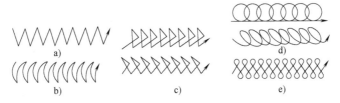

图 3-44　焊条摆动方法

a）锯齿形　b）月牙形　c）三角形　d）环形　e）8 字形

4）若第二层焊道不宽，采用直线形或小锯齿形运条较合适。以后各层也可以采用锯齿形运条，但摆动范围应逐渐加宽，摆动到坡口两边时，应稍作停顿，否则会产生熔合不良、夹渣等缺陷。应注意每层焊道不应过厚，否则会使熔渣流向熔池前面，造成焊接困难。为保证各焊层的质量和减小变形，各层之间的焊接方向应相反，其接头最少错开 20mm。每焊完一层焊道要把表面的焊渣和飞溅等清理干净，然后再焊下一层。

（2）多层多道焊　多层多道焊是指一条焊缝是由三条或多条窄焊道依次施焊，并列组成一条完整的焊道（见图 3-42）。其焊接方法与多层焊相似，每条焊道施焊时宜采用直线形运条，短弧焊接，每焊完一条焊道，必须清渣一次。

（3）熔透焊道焊接法　在某些焊接结构中，不能进行双面焊，只能从接头一面焊接，而又要求整个接头完全焊透，这种焊道称为熔透焊道。一般指单面焊双面成形焊道。这种在单面施焊，而另一面也达到焊透、成形均匀而整齐的操作方法是一种不易掌握的操作技术，如图 3-45 所示。

1）对于较厚焊件（≥12mm 的钢板）的熔透焊道，一般开 V 形坡口，留钝边 1~1.5mm，组对时留 3~4mm 间隙。若有条件，可在反面加纯铜垫板强制成形，会达到较好的效果，如图 3-46 所示。

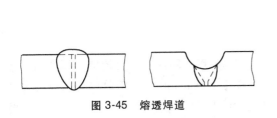

图 3-45　熔透焊道

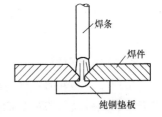

图 3-46　反面加纯铜
垫板的熔透焊道法

2）焊接时，选用直径 φ3.2mm 的 E4303 酸性焊条，用 100~120A 的焊接电流进行打底焊，采用间断熄弧法运条。通过燃弧及熄弧的时间、运条的方法来控制熔池温度、熔池存在的时间、熔池的形状和焊层厚度，获得良好的内部质量和

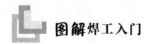

反面成形。

3）焊件是依靠电弧的穿透能力来熔透坡口钝边的，使焊件每侧熔化 1 ~ 2mm，并在熔池前沿形成一个略大于装配间隙的熔孔，熔池金属中有一部分过渡到焊缝根部及焊件背面并与母材熔合良好。在熄弧的瞬间形成一个焊波，当前一个焊波未完全凝固时，马上又引弧，重复上述熔透过程，如此往复，直至完成打底层焊接。要注意不能单纯依靠熔化金属的渗透作用来形成背面焊缝，那样会产生边缘未熔合，坡口的根部没有真正焊透。更换焊条的速度要快，使焊道在炽热状态下连接，以保证连接处质量。

4）其余各焊道均按多层焊或多道焊要求施焊。

练习 4 平 角 焊

平角焊包括搭接接头平焊、角接接头和 T 形接头平焊。其中 T 形接头平焊最为典型，如图 3-47 所示。

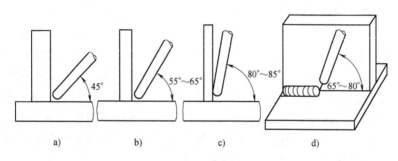

图 3-47 平角焊

1. 操作准备

练习焊件：Q235 钢板两组，每组两块（8mm×100mm×300mm，用于单层焊；12mm×100mm×300mm，用于多层多道焊），焊条（E4303、φ3.2mm 或 φ4mm）、锤子、扁铲、钢丝刷。

2. 认识角焊缝

角焊缝各部分的名称如图 3-48 所示。焊脚尺寸随焊件厚度的增大而增加，增大焊脚尺寸后接头的承载能力增大。焊脚尺寸<8mm 时，采用单层焊。焊脚尺寸为 8 ~ 10mm 时，采用多层焊。当焊脚尺寸>10mm 时，采用多层多道焊，装配时可以考虑留有 1 ~ 2mm 的间隙，采用定位焊装配，如图 3-49 所示。

3. T 形接头单层焊

1）选择正确的引弧位置，这样电弧对前部的接头有预热作用，可减少焊接缺陷，焊接过程中可消除引弧痕迹，如图 3-50 所示。

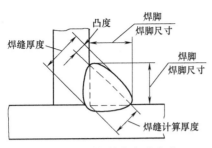

图 3-48 角焊缝各部分名称

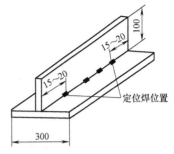

图 3-49 平角焊的定位焊

2）焊脚尺寸较小时，进行单层焊，焊条直径根据焊件厚度选择（ϕ3.2mm 或 ϕ4mm），焊接电流比相同条件下的对接平焊增大 10% 左右。

3）若两板的厚度不同，焊条电弧偏向厚板（见图 3-47b、c），这样使两焊件温度均匀。

4）对于厚度相同的焊件，若焊脚尺寸小于 5mm，保持焊条与水平焊件成 45°、与焊接方向成 60°～80° 的夹角。运条时采用直线形，短弧焊接。如果角度太小则根部熔深不足；角度过大，熔渣容易跑到熔池前面而造成夹渣。

5）对于厚度相同的焊件，若焊脚尺寸为 5～8mm，采用锯齿形或斜圆圈形运条，避免产生咬边、夹渣、边缘熔合不良等缺陷，如图 3-51 所示。

$a{\rightarrow}b$ 焊接速度稍慢，以保证水平焊件的熔深。

$b{\rightarrow}c$ 焊接速度稍快，以防熔化的金属下淌。

c 处稍作停留，以保证垂直焊件的熔深，避免咬边。

$c{\rightarrow}d$ 焊接速度稍慢，以保证根部焊透和水平焊件的熔深，防止夹渣。

$d{\rightarrow}e$ 焊接速度稍快，e 处也稍作停留，

按上述规律用短弧反复练习，注意收尾时填满弧坑，就能获得良好的焊接质量。

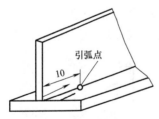

图 3-50 平角焊起头的引弧点

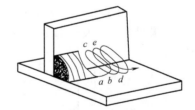

图 3-51 平角焊时的斜圆圈运条法

4．T 形接头多层焊

1）当焊脚尺寸为 8～10mm 时，宜采用两层两道焊道。焊第一层时，采用 ϕ3.2mm 焊条，焊接电流稍大（100～120A），以获得较大的熔深。运条时采用直

线形，收尾应把弧坑填满或略高些。

2）焊接第二层之前，必须将第一层的焊渣清理干净，如果发现有夹渣，应用小直径焊条修补后方可焊第二层，这样才能保证层与层之间的紧密结合。焊第二层采用φ4mm焊条，焊接电流为160～200A，焊接电流过大会发生咬边。运条时采用斜圆圈形或锯齿形。如发现第一层焊道有咬边时，在焊接第二层时可在咬边处适当多停留一些时间，以消除咬边缺陷。

5. T形接头多层多道焊

1）焊脚尺寸≥10mm时，焊脚表面较宽，坡度较大，熔化金属容易下淌，采用多层多道焊。焊脚尺寸为10～12mm时，用两层三道完成焊接，如图3-52所示。焊第一道焊缝时，采用φ3.2mm焊条，较大的焊接电流，直线形运条，收尾时要特别注意填满弧坑，焊完将焊渣清理干净。

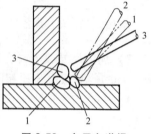

图 3-52　多层多道焊

2）焊接第二道时，应对第一条焊道覆盖不小于2/3，焊条与水平焊件的夹角要稍大些，在45°～55°之间（见图3-52中的2），以使熔化金属与水平焊件很好地熔合。焊条与焊接方向夹角为65°～80°。运条时用斜圆圈形或锯齿形方法，运条速度与多层焊时基本相同。

3）焊接第三道时，对第二条焊道应覆盖1/3～1/2，焊条与水平焊件夹角为40°～45°（见图3-52中的3），角度太大易产生焊脚下偏现象。运条仍采用直线形，速度保持均匀，但不宜太慢，因为焊接速度太慢易产生焊瘤，使整个焊缝成形不美观。

4）焊接中若发现第二条焊道覆盖第一条焊道过大（≥2/3），则焊接第三道用直线往复形运条，以免第三条焊道过高。若发现第二条焊道覆盖第一条焊道过少（<2/3），焊接第三道用斜圆圈运条法，运条时在垂直焊件上要稍作停留，以防止咬边，弥补由于第二条焊道覆盖过少而产生的焊脚下偏现象。

5）如果焊脚尺寸大于12mm，可采用三层六道、四层十道焊缝来完成，如图3-53所示。

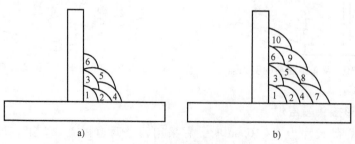

a)　　　　　　　　　　　　　　b)

图 3-53　多层多道焊的焊道排列

6）上述的平角焊缝仅适用于承受较小静载荷的焊件，对于承受重载荷或动载荷的较厚钢板的平角焊应开坡口。当钢板厚度为 15～40mm 时，在垂直焊件一边开坡口；当钢板厚度为 40～80mm 时，应在垂直焊件的两边开坡口。其焊接方法同多层多道焊，必须保证焊缝的根部焊透，如图 3-54 所示。

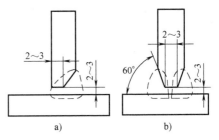

图 3-54　大厚度焊件角焊时的坡口

a）单边 V 形坡口　b）K 形坡口

6. 船形焊

平角焊时易产生咬边和焊脚不均匀的缺陷，在实际生产中，如果能将焊件转动，就要转动到船形焊接的位置，如图3-55所示。这样可采用对接平焊的操作方法，用大直径焊条和较大的焊接电流，运条时采用月牙形或锯齿形方法。焊第一层仍用小直径的焊条及稍大的焊接电流，其他各层与开坡口的对接平焊操作相似。所以船形焊接既能获得较大的熔深，且一次焊成的焊脚尺寸最大可达 10mm 以上，比平角焊时生产率提高，容易获得平整美观的焊缝，因此条件允许的情况下要尽量采用船形焊。

7. 注意事项

1）进行平角焊时的操作姿势要正确，焊缝要基本平整，局部咬边量不应大于 0.5mm。焊波基本均匀，无焊瘤、塌陷、凹坑。

2）焊脚断面形状要圆滑过渡，应力集中小，焊件的承载力大，如图 3-56c 所示。

3）焊脚尺寸偏差符合要求，当焊件厚度为 4～8mm 时，偏差为 $^{+1}_{0}$mm，当焊件厚度为 10～12mm 时，偏差为 $^{+1.5}_{0}$mm。

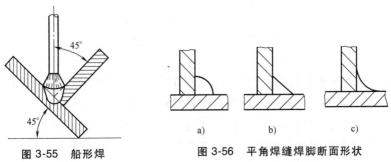

图 3-55　船形焊

图 3-56　平角焊缝焊脚断面形状

a）最差　b）尚可　c）最佳

4）焊件的角变形量要小，可在焊前预留一定的变形量，即采用反变形法，如图 3-57 所示。也可在不施焊的另一侧用圆钢、角钢等采用定位焊临时支撑,待焊件全部焊完后再去掉,如图 3-58 所示。

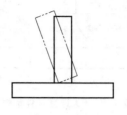

图 3-57　反变形法

图 3-58　定位焊临时固定

练习 5　对 接 立 焊

对接立焊是指对接接头焊件处于立焊位置时的操作。这种操作有两种方法,一种是生产中常用的由下向上焊接,另一种是采用由上向下施焊,如图 3-59 所示。

1. 操作准备

练习焊件:Q235 钢板两组,每组两块（2mm×150mm×200mm,12mm × 150mm × 200mm）,焊条（E4303、ϕ3.2mm 或 ϕ4mm）、锤子、扁铲、钢丝刷。

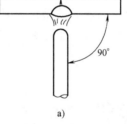

a)　　　　　　b)

图 3-59　对接立焊操作

a)俯视图　b)左视图

2. 立焊操作须知

1)采用向上立焊法。焊接操作时,由于重力的作用,焊条熔化时所形成熔池的熔滴及熔化的金属要向下淌,焊接成形困难,焊缝不如平焊成形美观。

2)采用小直径的焊条,焊接电流比对接平焊时小 10% ~ 15%,这样熔池体积较小,冷却凝固快些,可以减少和防止液体金属下淌。

3)采用短弧焊接,弧长不大于焊条直径,利用电弧吹力托住铁液,同时短弧也便于焊条熔化的金属向熔池过渡。

4)焊条处于和焊件垂直的平面内,与焊件成 60° ~ 80°的夹角,这样电弧吹力对熔池有向上的推力,有利于熔滴过渡并托住熔池。

5)操作姿势。操作时可以采用有依托和无依托两种情况,有依托是将胳膊靠在某处,这样焊接平稳,省力。无依托是靠胳膊的伸缩来调整焊接位置,操作难度大。

6)握焊钳方法。根据焊接时熔池的情况,灵活操作,可以采用正握法,也可以采用反握法,如图 3-60 所示。

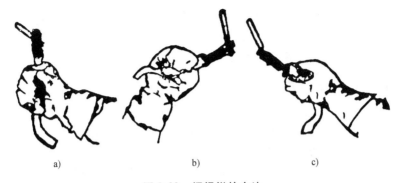

图 3-60　握焊钳的方法

a）正握法一　b）正握法二　c）反握法

3. 不开坡口的薄板对接立焊

薄板的对接立焊，除按上述操作须知的要求外，主要是防止板料烧穿。

1）挑焊法。当熔滴脱离焊条末端过渡到熔池后，立刻将电弧向焊接方向提起（电弧长度不超过 6mm，以免空气侵入），目的是让熔化金属迅速冷却凝固，形成一个新的"台阶"，如图 3-61 所示。当熔池缩小到焊条直径大小时，再将电弧移到"台阶"上面，在台阶上形成一个新的熔池。重复熔化—冷却—凝固—再熔化的过程，完成由下向上的立缝焊接。

2）灭弧法。当熔滴从焊条末端过渡到熔池后，立刻将电弧熄灭，使熔化金属有瞬间凝固的机会，随后重新在弧坑中引燃电弧，这样交错进行。焊接开始时，焊件未预热，灭弧时间短些，随着焊缝长度的增加，灭弧时间也要增加，避免烧穿和产生焊瘤。

3）熔池形状。焊接时熔池下部逐渐鼓肚变圆，表明熔池的温度稍高或过高，应立刻熄弧，让熔池降温，待熔池瞬间冷却后，在熔池处继续引弧焊接，如图 3-62所示。

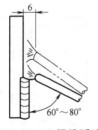

图 3-61　立焊挑弧法

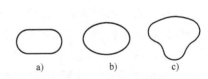

图 3-62　熔池形状与熔池温度的关系

a）正常　b）温度稍高　c）温度过高

4）立焊接头。接头处容易产生夹渣和焊缝的凸起过高等缺陷，更换焊条要迅速，若时间过长，接头时会出现引弧后预热不够、铁液或熔渣混在一起的现象；此时需要将电弧稍稍拉长一些，并适当延长在接头处的停留时间，同时将焊条与焊缝的角度增大到90°，熔渣自然滚落下去。

4. 开坡口的对接立焊

焊件较厚，要采用多层焊，层数的多少要根据焊件的厚度来决定。注意每一层焊道的成形。如果焊道不平整，中间高两侧很低，甚至形成尖角，则清渣困难，会造成夹渣、未焊透等缺陷。

1) 打底层的焊接。焊接时选用直径 3.2mm 焊条，要使根部焊透，而背部又不至于产生塌陷，这时在熔池上方要熔穿一个小孔，其直径等于或稍大于焊条直径。采用小三角形、小月牙、锯齿形或跳弧焊法，如图 3-63 所示。在每个转角处应作停留，运条到焊道中间时要加快运条速度，避免运条过慢造成熔化的金属下淌，形成凸形焊道，导致施焊下一层焊道时产生未焊透和夹渣，如图 3-64 所示。

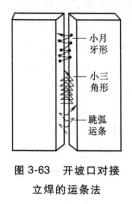

图 3-63 开坡口对接立焊的运条法

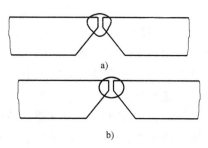

图 3-64 开坡口的对接立焊的打底层焊道
a) 根部焊道不良 b) 根部焊道良好

2) 临近表层的焊道焊接。焊接表面层的前一道焊缝时，要使各层焊缝凸凹不平的成形在这一层得到调整，焊道的中间有些凹，应低于焊件表面 1mm 左右，以保证表层焊缝成形美观。

3) 表层焊道的焊接。表层焊缝即多层焊的最外层焊缝，要满足焊缝外形尺寸的要求，运条方法按焊缝余高进行选择；若余高较大则焊条作月牙形摆动，余高小则焊条可作锯齿形摆动。运条速度要均匀，摆动要有规律，如图 3-65 所示。运条到 a、b 两端时，应将电弧进一步缩短并稍作停留，以便于熔滴的过渡和防止咬边。从 a 摆动到 b 时应稍快些，以防止产生焊瘤。也可以采用较大的焊接电流，在运条时采用短弧，使焊条的末端紧靠熔池快速摆动，并在坡口的边缘稍作停留，这样表层焊缝不仅较薄，而且焊

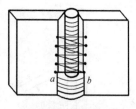

图 3-65 焊接表层焊道的运条法

波较细，平整美观。

练习 6　立　角　焊

立角焊是指 T 形接头焊件处于立焊位置时的焊接操作。

1. 操作准备

练习焊件：Q235 钢板两组，每组两块（12mm×150mm×200mm），焊条（E4303、ϕ3.2mm 或 ϕ4mm）、锤子、扁铲、钢丝刷。

2. 质量目标

1）焊脚应对称分布，焊脚尺寸符合要求。

2）焊缝无明显咬边，接头处无脱节和堆高现象。

3）焊缝表面平滑，无气孔、夹渣、裂纹等缺陷。

4）焊件上不允许有引弧痕迹。

3. 操作要领

（1）焊条角度　立角焊与立焊操作有很多相似之处，焊接时两焊件要均匀受热，保证熔深及焊透。焊条与两焊件的夹角左右相等、焊条与焊缝中心线的夹角保持 75°~90°范围，如图 3-66 所示。

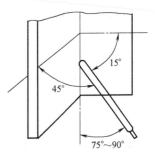

图 3-66　立角焊操作

（2）熔池控制　立角焊要控制好熔池，焊条按熔池金属的冷却情况有节奏地上下摆动。在焊接过程中，当引弧后出现第一个熔池时，电弧要较快地抬高，当看到熔池瞬间冷却成为一个暗红点时，将电弧下降到弧坑处，并使熔滴下落时与前面熔池重叠 2/3，然后电弧再抬高。这样就能有节奏地形成立角焊缝。要注意的是，如果前一个熔池未冷却到一定程度，就过急地下降焊条，会造成熔滴之间熔合不良；如果焊条放置的位置不正确，会使焊波脱节，影响焊缝美观和焊接质量。

（3）焊条摆动　根据板厚及焊脚尺寸选择适当的运条方法，对焊脚尺寸较小的焊缝，采用直线往复形运条法。焊脚尺寸较大时，采用月牙形、三角形、锯齿形等，如图 3-67 所示。为了避免出现咬边等缺陷，焊接电流要合适，焊条在焊缝的两侧应停留片刻，使熔化的金属填满焊缝两侧边缘部分，焊条摆动的宽度不大于所要求的焊脚尺寸（焊脚尺寸为 10mm 时，焊条的摆动范围在 8mm 以内）。

（4）大间隙焊接　当立角焊两板的局部间隙超过

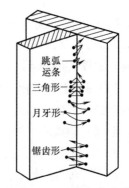

图 3-67　立角焊运条方法

焊条直径时，要预先采用向下立焊的方法，使熔化的金属把间隙填满后，再进行正常焊接，这样既提高焊接效率，又减少电弧偏吹和金属飞溅。对间隙过大的薄板件焊接，采用这种方法，还有减小变形的效果。

练习7 横 焊

横焊是焊件处于正平面位置，焊缝处于水平面位置的一种焊接操作。

1. 操作准备

练习焊件：Q235 钢板两组，每组两块（5mm×150mm×200mm 不开坡口、12mm×150mm×200mm 开坡口），焊条（E4303、ϕ3.2mm 或 ϕ4mm）、锤子、扁铲、钢丝刷。

2. 质量目标

1）焊缝表面均匀，接头处无接偏或脱节现象。

2）焊缝宽度和余高基本均匀，不应有过宽、过窄或过高、过低现象。

3）横焊时，由于熔化金属下淌，容易产生焊缝上侧咬边、下侧出现焊瘤。要提高焊接技术，达到无明显咬边和焊瘤。

4）焊缝表面应无气孔、夹渣、裂纹等缺陷。

5）焊件上不允许有引弧痕迹。

3. 不开坡口的薄板横焊

1）横焊时，受重力的作用熔池的金属也有下淌的倾向，焊缝的上边容易发生咬边，下边容易出现焊瘤和未熔合等缺陷。当焊件的厚度小于 5mm 时，一般不开坡口，采用双面焊接的方法，焊条向下倾斜与水平面成 15°左右夹角，电弧的吹力托住熔化的金属，防止下淌；同时焊条向焊接方向倾斜，与焊缝成 70°左右夹角，如图 3-68 所示。

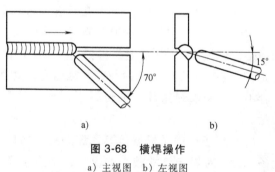

图 3-68 横焊操作
a) 主视图 b) 左视图

2）焊接电流可比对接平焊小 10%~15%，以免熔化温度过高，金属处于液态的时间长，下淌而形成焊瘤。若熔渣超前时，要用焊条的前沿轻轻地拔掉，否则熔滴金属也会随之下淌。

3）当焊件较薄，采用直线往复运条，焊条前移使熔池得到冷却，防止烧穿和下淌。若焊件较厚，采用短弧直线或小斜圈运条，斜线与焊缝中心成 45°，得到合适的熔深。运条速度稍快且均匀，如图 3-69 所示。避免焊条的熔滴金属过多地集中在某一点，而形成咬边及焊瘤。

4. 开坡口的横焊操作

1) 焊件超过 6mm 就要开坡口，横焊坡口特点是下面的焊件不开坡口或坡口的角度小于上面的焊件，如图 3-70 所示。这样有助于避免熔池的金属下淌，有利于焊缝成形。

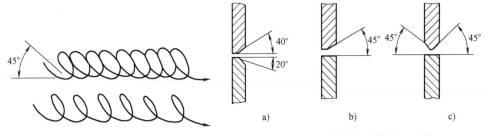

图 3-69　不开坡口横焊的斜圆圈运条法

图 3-70　横焊接头的坡口形式
a) V 形坡口　b) 单边坡口　c) K 形坡口

2) 对于开坡口的焊件，可采用多层焊或多层多道焊，焊道的排列如图 3-71 所示。焊第一层焊道时用直径为 3.2mm 的焊条，若接头的间隙较大，采用直线往复形运条；间隙小，可采用直线形运条。焊接第二焊道用直径为 3.2mm 或 4mm 的焊条，采用斜圆圈形运条，如图 3-72 所示。

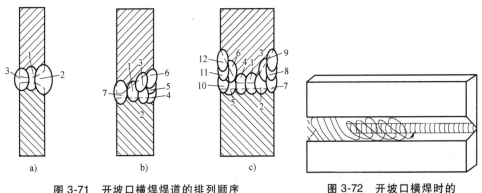

图 3-71　开坡口横焊焊道的排列顺序
a) 多层焊　b)、c) 多层多道焊

图 3-72　开坡口横焊时的
斜圆圈运条法

3) 焊接过程中，要保持较短电弧和均匀的焊接速度，防止焊缝出现咬边和下边产生熔池下淌现象，每个斜圆圈与焊缝中心的斜度不得大于 45°，当焊条末端运动到斜圆圈上面时，电弧应更短并停留片刻，以使较多的熔化金属过渡到焊道中去，然后缓慢地将电弧引到焊道的下边，即原先电弧停留点的旁边。使电弧往复循环，有效地避免各种缺陷，使焊缝成形良好。

4）背面封底焊时，首先要进行清根，然后用直径为 3.2mm 的焊条，采用较大的焊接电流、直线形运条进行焊接。

5）焊条角度调节。对于多层多道焊，采用直径为 3.2mm 的焊条，直线形或小圆圈形运条，根据焊道的位置调整焊条的角度，如图 3-73a、b、c 所示。始终保持短弧和适当的焊接速度，就能获得较好的焊接成形。

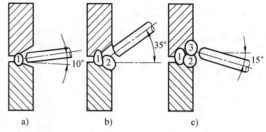

图 3-73　开坡口多层多道横焊的焊条倾角

练习 8　仰　焊

仰焊是焊条位于焊件下方，焊工仰视焊件所进行的焊接。仰焊是最难操作的一种焊接位置。

1. 操作准备

练习焊件：Q235 钢板两组，每组两块（4mm×150mm×200mm 不开坡口、8mm×150mm×200mm 开坡口），焊条（E4303、ϕ3.2mm 或 ϕ4mm）、锤子、扁铲、钢丝刷。

2. 质量目标

1）焊缝成形均匀，无较大的焊瘤。

2）焊缝的宽度和余高应符合要求。

3）无夹渣和明显咬边。

3. 仰焊操作须知

1）操作姿势　在仰焊对接焊缝时，视线要选择最佳位置，两脚成半开步站立，上身要稳，由远而近地运条。为了减少臂腕的负担，可将焊接电缆线挂在临时设置的钩子上。

2）仰焊时金属熔滴会飞溅到各处，操作前要严格检查场地及周围有无易燃易爆物，检查自身的安全防护，如面罩上的护目玻璃要固定紧，四周不能有缝隙，脖子上围一条毛巾，衣服不能束在裤腰里，裤腿不能卷起，也不要束在鞋筒里，袖口要扣紧等，以防止灼热的火星从玻璃框的缝隙落到脸上，或从领口、袖口等处落入身上而造成烧伤。

4. 不开坡口的对接仰焊

1）先将薄板组装进行定位焊，然后装夹到工装夹具中。选用 ϕ3.2mm 的焊条，焊接电流比对接平焊小 15%～20%，焊条与焊接方向成 70°～80° 夹角，与焊缝的两侧成 90°夹角，如图 3-74 所示。在整个焊接过程中，焊条保持在上述位置均匀运条，不要中断，间隙小采用直线形运条，间隙稍大采用直线往复形运条。

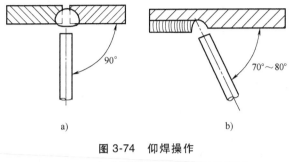

图 3-74　仰焊操作

a）主视图　b）左视图

2）焊接电流不宜过小，会造成电弧不稳，操作难以掌握，熔深不够。在运条过程中，要保持最短的电弧长度，使熔滴过渡到熔池中。操作中必须控制熔池的大小，因为熔池过大会造成液态金属下淌。还要注意熔渣的流动，只有熔渣浮出正常，才能避免产生夹渣，熔合良好。收弧动作要快，以免板料烧穿，但要填满弧坑。

5. 开坡口的对接仰焊

1）焊件一般开 V 形坡口，坡口的角度比平焊大一些，钝边厚度小些（2mm以下），间隙却要大些，其目的是便于运条和变换焊条位置，从而可克服仰焊时熔深不足，保证焊透及焊缝质量。

2）焊第一道焊缝，采用 ϕ3.2mm 的焊条，焊接电流比对接平焊小 10% ~ 20%，采用直线形运条，间隙稍大用直线往复形运条。从接缝起头处开始焊接，先用长弧将起焊处预热，迅速压低电弧到坡口的根部，稍停 2~3s，以便熔透根部，然后将电弧向前平移。

3）正常焊接时，焊条沿焊接方向移动，在保证焊透的前提下尽可能快一些，避免烧穿及熔池金属下淌。第一焊道表面应平直无凸形。因凸形的焊道会给下一层焊道的操作增加困难，还容易造成焊道边缘未焊透或夹渣、焊瘤等缺陷。

4）焊接第二层焊道时，应将第一层焊道的焊渣及飞溅物清理干净，若有焊瘤应铲平才能施焊。用 ϕ4mm 的焊条，焊接电流为 180~200A，这样可以提高效率。第二层和以后各层的运条均可采用月牙形或锯齿形。运条到两侧稍停片刻，中间稍快，形成较薄的焊道，如图 3-75 所示。

5）多层多道焊时，焊道的排列顺序与横焊相似，如图 3-76 所示。焊条的角度和电弧的长度应根据焊道的位置作相应的调整，如图 3-77 所示，以便于熔滴的过渡和获得较好的焊道成形。

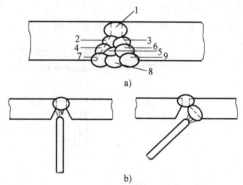

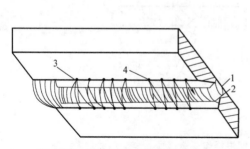

图 3-75　开坡口对接仰焊的运条法

1—第一层焊道　2—第二层焊道

3—月牙形运条　4—锯齿形运条

图 3-76　开坡口对接仰焊的多层多道焊

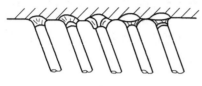

a)　　　　　　　　　　　　　　b)

图 3-77　仰焊时电弧长度的影响

a) 用短弧焊接　b) 用长弧焊接

练习 9　水平固定管焊接

1. 操作准备

练习焊件：Q235 钢管两组，每组两根（$\phi70mm \times 8mm \times 100mm$）、焊条（E4303、$\phi3.2mm$ 或 $\phi4mm$）、锤子、扁铲、钢丝刷、工装胎具架。

2. 操作须知

1）对水平固定管进行焊接，由于焊缝是环形的，需要经过平焊、立焊、仰焊等几种位置，又要求单面焊双面成形，其中难度最大的是仰焊和立焊位置的操作，如图 3-78 所示。因此焊条角度变化很大，操作比较困难，要注意每个环节。

2）水平固定管焊接是由管子底部的仰焊位置开始，分两半进行，先焊的一半称为前半部，后焊的一半称为后半部。两半部焊接均为仰—立—平的顺序，这样的操作有利于熔化金属与熔渣分离，容易控制焊缝成形。

3. 操作要领

（1）坡口准备　管子焊接只能从单面进行，容易出现根部缺陷，因此对壁厚较大的管子要开坡口。如壁厚在 16mm 以下，开 V 形坡口即可。这种坡口形状上大下小，可以采用车削加工，焊接时便于运条，容易焊透。若壁厚超过 16mm 时，为了避免 V 形坡口因张角较大，造成填充金属较多、焊接残余应力较大的问题，实际生产中多采用 U 形坡口，如图 3-79 所示。

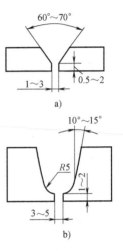

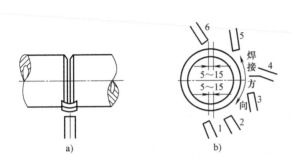

图 3-78　水平固定管焊接操作

a）主视图　b）左视图

图 3-79　水平固定管焊接

常用的坡口形式

a）V 形坡口　b）U 形坡口

（2）定位焊　先将坡口附近 20mm 左右的区域用钢丝刷打磨，露出金属光泽后放在槽钢胎具中组对，两管的轴线必须对正，内外壁要平齐，避免产生错开现象。对管子接口进行定位焊，定位焊采用 ϕ3.2mm 的焊条，焊接电流为 90～130A，起焊处要有

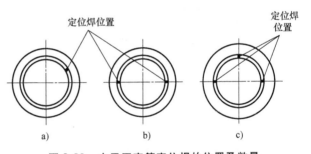

图 3-80　水平固定管定位焊的位置及数量

a）小管 1 处　b）中管 2 处　c）大管 3 处

足够的温度，以防止粘接。定位焊缝长度为 15～20mm，余高为 3～5mm，余高太小，容易开裂，余高太大会给以后焊接带来困难，依据管子的直径决定定位焊的数量，如图 3-80 所示。

（3）修整接头　焊好的定位焊缝两端要用角砂轮打磨出缓坡，以保证接头焊透。当发现有凹陷、未焊透、裂纹等缺陷时，应铲除缺陷后进行定位焊。

（4）打底层的焊接　定位焊的管子固定在工装夹具上，先在前半部仰焊的坡口边上用直击法引弧后，将电弧引至坡口间隙处（两管接口的间隙为 1.5～2.5mm，间隙过大容易烧穿而形成焊瘤，间隙过小则会形成未焊透缺陷），用长弧对起焊处烤 2～3s，当坡口两侧的金属表面有"汗珠"时，即接近熔化状态，立刻压低电弧，在坡口内形成熔池；然后将焊条抬起，熔池温度下降使熔池变小，再压低电弧并向上顶，形成第二个熔池。如此反复一直向前移动焊条，当发现熔池的温度过高，熔化的金属有下淌的趋势时，采取灭弧的方法，待熔池稍变暗，再重新引弧，引弧部位应在熔池前面。

为了消除仰焊部位的内凹现象，引弧要准确和稳定，灭弧要果断，要保持短弧，电弧在坡口两侧停留时间不宜过长。

从下向上焊接，焊条角度随着焊接位置而变化，到了平焊位置时，电弧不能在熔池的前半部多停留，焊条可作幅度不大的横向摆动，避免背面产生焊瘤，从而使背面成形较好。

后半部的操作方法与前半部相似，但要完成两处焊接接头，焊接仰焊的接头时，用电弧把前半部接头处切去 10mm 左右（焊接前半部时，为了便于接头，仰焊的起头处和平焊的收尾处，都应超过管子垂直中心线 5～15mm），这样既能切去可能存在的缺陷，而且又能形成缓坡形切口，便于接头。

操作前先用长弧加热接头部分，如图 3-81a 所示。运条到接头中心时立刻拉平焊条压住熔化金属，如图 3-81b 所示。依靠电弧吹力把液态金属推走而形成缓坡切口，如图 3-81c 所示。焊条到接口中心时，向上顶一下，打穿未熔化的根部，使接头完全熔合，如图 3-81d 所示。

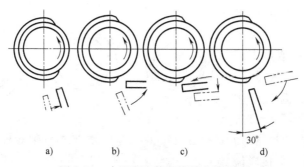

a)   b)   c)   d)

图 3-81　水平固定管仰焊接头操作法

焊接重要的管子时，可用锯、锉、錾等工具把仰焊接头处修成缓坡，然后再施焊，在焊接平焊接头时，也要先修成缓坡。

当运条到斜立焊的位置时，要采用顶弧焊，即将焊条前倾，并稍作横向摆动，如图 3-82 所示。当距接头处 3～5mm 即将封闭时，要将焊条的电弧向里压一下，听到电弧打穿焊缝根部的"噗噗"声后，让焊条在接头处来回摆动，保证充分熔合，填满弧坑后引弧到坡口的一侧熄弧。与定位焊缝相连时，也采用上述方法。

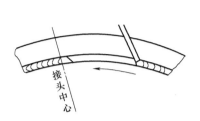

图 3-82　平焊位置接头用顶弧焊法

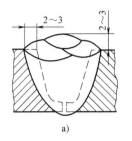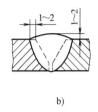

图 3-83　管子焊缝盖面层的要求
a）大管　b）中小管

（5）中间层焊接　管子焊接除了打底层和盖面层外，其余焊道都称中间层。中间层焊接也分两半部进行。由于焊波较宽，采用锯齿形或月牙形运条，焊条角度随位置变化跟着变化，使温度低的两侧熔合良好，不发生咬边，效果既快又好。当焊到盖面焊道的前一层时，要注意留出坡口的轮廓，既能看见坡口和焊道的界限，焊道也不能高于管子外壁表面，给盖面焊接创造良好的工艺条件。

（6）盖面层焊接　焊好盖面层，既保证焊缝美观，又保证焊缝质量。不允许有严重的咬边、焊缝过高或不足以及焊缝和管子过渡陡急。大管子和中小管焊缝盖面层高度及宽度的要求，如图 3-83 所示。为了使焊缝中间高一些，运条方法可以采用月牙形。摆动稍慢而平稳，使焊波均匀美观。运条到两侧要有足够的停留时间，摆动太快，熔滴过渡量太少，边角填不满，易出现咬边。

大管坡口上端太宽，盖面层可分三道焊成，如图 3-83a 所示。第一道的宽度应占盖面层焊缝宽度的 2/3，第二道的宽度应占盖面层焊缝宽度的 1/3，第三道压在第一、二道之上。这样既起到盖面层的加强作用，又达到使整条焊缝缓慢冷却的目的。

4. 焊接缺陷产生的原因

1）焊接水平管容易产生未熔合和背面内凹缺陷，这是由于熔池内熔化金属因自重下坠所致。一般来说，熔池的温度越高，熔池越大，则内凹越严重，所以打底焊时，要采用合理的焊接参数（焊条直径、焊接电流）、操作要领（运条方法和运条速度）。

2）熔合不良是焊接时电弧偏向一侧，造成单侧未熔合和背面熔合不良，可能是操作手法不对或风吹所致。

3）咬边产生的原因除了焊接电流过大，电弧过长之外，主要是运条方法、焊条与焊件间的夹角不正确所致。

5. 焊接质量评定

1）操作姿势要正确，焊缝无严重的咬边、内凹和未熔合。

2）焊缝的熔宽和余高应基本均匀；无气孔、夹渣、未焊透等缺陷，焊件上不允许有引弧痕迹。

练习 10　垂直固定管焊接

1. 装配及定位焊

按照管壁厚度选择坡口形式，经加工成形。装配时，管子的端面要垂直于管子轴线。若两管径不等产生错口，确定错口的大小后，可将直径较小的管子置于下方，并使之沿圆周方向的错口大小均匀，避免错口偏于一侧。因错口较大时，根部不可能焊透，会引起应力集中，导致焊缝根部破裂。错口大于 2mm 时，应将管子的内径加工成相同的尺寸。

2. 打底焊

选定始焊处，用直击法在坡口内引弧，拉长电弧加热坡口；待坡口的两侧接近熔化温度时，压低电弧后形成熔池。采用直线或斜齿形运条向前移动，运条时，焊条有两个倾斜角度，如图 3-84 所示。

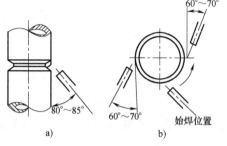

a)　　　　b)

图 3-84　焊条的角度

a）主视图　b）俯视图

换焊条动作要快，在焊缝还未冷却时，再次引燃电弧。焊一圈回到始焊处时，听到有击穿声后，焊条略加摆动，填满弧坑后收弧。打底焊焊道的位置应在坡口正中略偏下，焊道上部不要有尖角，下部不得有黏合。

3. 中间层焊接

焊接电流应选得略大一些，采用直线运条，焊道间要充分熔化，焊接速度不宜太快。运条到凸起处稍快，而到凹处应稍慢，使焊道自下而上整齐而紧密地排列。焊条的垂直倾角随焊道变化，下部的倾角要大，上部的倾角要小。焊接过程中要保持熔池清晰，当熔渣与液体金属分不清时，拉长电弧向后甩一下，将熔渣与铁液分离。焊接中间层的最后一层时，要把坡口边缘留出少许，焊道的中间部位应稍微凸出，为得到凸形盖面层焊缝做好准备。

4. 焊接质量评定

垂直固定管的焊接质量评定内容及要求同水平固定管。

练习 11　倾斜 45°固定管焊接

倾斜 45°固定管焊接是介于垂直管与水平管的操作之间，如图 3-85 所示。它与前两种情况有许多共同之处，也有其独特之处。比如：

1) 打底焊时，选用 $\phi3.2mm$ 焊条，焊接电流为 90~120A，分两半部完成焊接。前半部焊接时，先在仰焊位置起弧，用长弧对准坡口两侧预热，待管壁温度明显升高后，压低电弧，击穿钝边，然后用挑焊的方法向前焊接。当熔池的温度过高时，可能产生熔化金属下淌，应采用灭弧控制熔池温度，如此完成前半部焊接。焊接后半部时，接头的方法与水平固定管操作相似。

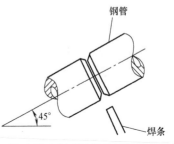

图 3-85　斜 45°管的操作准备

2) 盖面焊时，中间层焊完以后的焊道较宽，引弧后在管子最低处焊接，如图 3-86 所示。焊接顺序为 1、2、3、4（见图 3-86a），焊层要薄，并能平滑过渡，使后半部的接头从 5、6 一带而过，形成良好的"入"字形接头。焊条总保持在垂直位置，并在水平线上左右摆动。如图 3-86b所示；也就是说管子倾斜度不论大小，焊波成水平或接近水平方向，这样能获得较平整的盖面层。焊条摆动到坡口两侧时，要停留足够的时间，使熔化金属覆盖量增加，以防止出现咬边。焊缝收尾的位置在管子焊缝的上部，焊波的中间略高些，可按图 3-86c 所示 1、2、3、4 的顺序收尾，这样既可防止产生缺陷，焊道也美观。

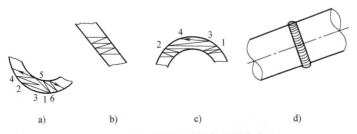

a)　　　　b)　　　　c)　　　　d)

图 3-86　斜 45°固定管焊条的运条方法

a) 起头　b) 运条　c) 收尾　d) 斜 45°固定管焊缝

3) 焊接质量评定：斜 45°固定管的焊接质量评定内容及要求同水平固定管。

练习 12　固定管板焊接

固定管板的焊接在生产中经常用到。本练习管板的位置如图 3-87a 所示。

1. 操作准备

电弧焊机、焊条（E5015，$\phi3.2mm$）。练习焊件（Q345 钢板：12mm ×

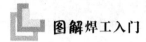

200mm×200mm；20钢管：$\phi76mm×5mm$）、锤子、扁铲、钢丝刷、工装胎具架。

2. 操作须知

1）施焊前须用钢丝刷将待焊处的污物清除干净。

2）打底层焊接采用$\phi3.2mm$的焊条，焊接电流为95～105A。焊接时要充分熔透根部，以保证打底层的焊接质量，操作时可分为右侧与左侧两部分，如图3-87b所示。在一般情况下，先焊右侧部分，因为多数人是用右手握焊钳，右侧便于在仰焊位置观察与焊接。

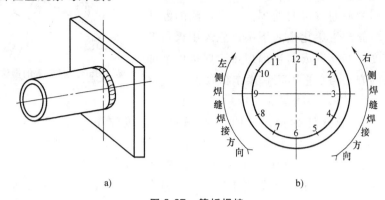

a)   b)

图 3-87　管板焊接

a）管板位置　b）管板的左侧焊与右侧焊

3. 评定质量标准

操作姿势正确，焊缝的焊脚基本均匀，表面无气孔、未焊透、裂纹和明显咬边，焊件上无引弧痕迹。

4. 打底焊操作要领

（1）右侧打底焊

1）引弧。先用钢丝刷清理待焊处的铁锈和污物直至露出金属光泽。然后引弧，由4点钟处的管子与底板的夹角处向6点钟位置以划擦法引弧。引弧后移至6点钟～7点钟之间进行1～2s的预热，再将焊条向右下方倾斜，其角度如图3-88所示。然后压低电弧，将焊条端部轻轻顶在管子与底板的夹角上，进行快速焊接。注意管子与底板达到充分熔合，同时焊层也

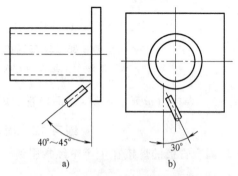

a)   b)

图 3-88　右侧打底焊焊条的倾斜角度

a）主视图　b）左视图

要薄些,以利于和左侧焊道搭接平整。

2)6点钟~5点钟位置。用锯齿形运条,焊条端部倾斜角度逐渐变化。在6点钟位置时,焊条摆动的轨迹与水平面呈30°,焊至5点钟时,与水平面夹角为0°,如图3-89所示。电弧在管壁一侧停留的时间要比底板一侧长些,以增加管壁一侧的焊脚尺寸。运条过程中始终采用短弧,用电弧吹力托住下坠的熔池金属。

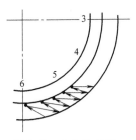

图 3-89 6点钟位置~
5点钟位置的运条

3)5点钟~2点钟位置。为控制熔池的温度及形状,使焊缝成形良好,用挑焊法焊接。当熔池填充得十分饱满,欲向下变长时,握焊钳的手腕迅速向上摆动,挑起焊条的端部熄弧,待熔池中液态金属将要凝固时,焊条端部迅速靠近弧坑,引燃电弧;再将熔池填充饱满。如此反复地引弧、熄弧,每熄弧一次的前进距离为1.5~2mm。若熔池产生下坠,可横向摆动以增加电弧在熔池两侧的停留时间,使熔池横向面积增大,焊缝成形平整。

4)2点钟~12点钟位置。焊条的端部容易偏向底板一侧,熔池的金属在管壁的一侧聚集而发生咬边,如图3-90所示。

为防止发生低焊脚或咬边,作短弧斜锯齿运条,用间断熄弧。电弧在底板侧停留时间长些。在2~4次运条摆动之后,熄弧一次,如图3-91所示。

当焊至12点钟位置时,以挑焊法填满弧坑后收弧,所完成的右侧焊缝打底形状如图3-92所示。

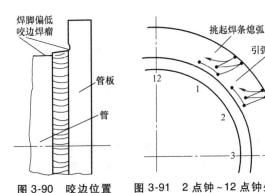

图 3-90 咬边位置　　图 3-91 2点钟~12点钟处运条

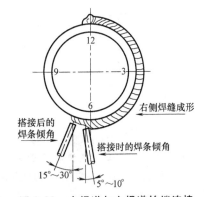

图 3-92 右焊道与左焊道始端连接

(2)左侧打底焊

1)接头清理。施焊前将右侧焊缝的始、末端焊渣清除干净。如果6点钟~7点钟处焊道过高或有焊瘤、飞溅时,必须进行清理。

2)下接头连接。由8点钟处向右下方划擦引弧,电弧移至6点钟处预热1~

2s；然后压低电弧，以快速小锯齿形运条，由6点钟向7点钟焊接。焊条的倾角及变化情况如图3-92所示。

3）上接头连接。焊左侧焊道至12点钟处与右侧焊道相连时，用挑焊法或间断熄弧法。当弧坑被填满后，方可挑起焊条熄弧。左侧打底焊其他部位的操作，均与右侧打底焊相同。

5. 盖面焊操作要领

采用φ3.2mm的焊条，焊接电流为100~120A，操作也分为右侧焊与左侧焊两个过程，先右侧后左侧。焊接前，把打底焊道上的焊渣及飞溅物全部清理干净。

（1）右侧引弧　从4点钟向6点钟处引弧，迅速将电弧移到6点钟~7点钟之间，预热1~2s后焊条向右下方倾斜，如图3-93所示。然后焊条端部轻轻顶在焊道上，以直线运条，焊道要薄，以便于与左侧焊道连接平整。

（2）6点钟~5点钟位置　采用锯齿形运条，向斜下方的管壁侧摆动要慢，以利于焊脚的增高。向斜上方的管壁侧摆动要块，防止产生焊瘤。在摆动过程中，电弧在管壁侧停留的时间比管板侧要长一些，使填充金属聚集在管壁侧，从而使焊脚增高（焊脚尺寸为8mm，焊条摆到管壁一侧时，焊条的端部距底板表面8~10mm）。焊条摆动到熔池的中间时，其端部应离熔池近一些，用短弧的吹力托住液态金属，如图3-94所示。

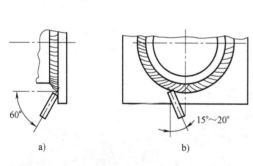

图3-93　右侧盖面层焊接焊条角度
a）主视图　b）左视图

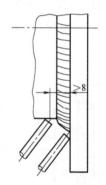

图3-94　右侧焊盖面层
焊条摆动距离

（3）5点钟~2点钟位置　用间断熄弧法，当熔池填充得十分饱满，欲向下变长时，握焊钳的手腕迅速向上摆动，挑起焊条的端部熄弧，待熔池中液态金属将要凝时，迅速在其前方15mm处的焊道边缘引弧（不能在弧坑边缘引弧，否则容易产生气孔），电弧在底板侧的焊道边缘停留片刻；当液态金属覆盖在被电弧吹成的凹坑上时，将电弧向下偏5°；通过熔池移动到管壁侧再停留片刻。当熔池金属将前弧坑覆盖 2/3 以上时，迅速将电弧移动到熔池中间熄弧，一般情况下，熄弧时间为 1～2s，燃弧时间为 3～4s，相邻熔池重叠间隔（每熄弧一次，熔池前移的距离）为 1～1.5mm，如图 3-95 所示。

（4）2 点钟～12 点钟位置　该处类似于平角焊位置，液态金属容易向管壁侧聚集，而焊道上方的底板侧容易发生咬边（电弧把液态金属吹成弧坑），焊脚尺寸达不到要求。因而采用间断熄弧法，从管壁侧向底板侧运条。即焊条的端部在距原熔池 10mm 处的管壁侧引弧，然后缓慢移至熔池的下侧停留片刻，待形成新熔池后再通过熔池将电弧移到熔池斜上方，以短弧填满熔池，再将焊条端部迅速向左侧挑起熄弧。当焊至 12 点钟处时，将焊条的端部靠在打底焊道的管壁处，以直线运条至 12 点钟～11 点钟之间处收弧，为左侧焊道的末端接头打好基础。焊接过程中，可摆动 2～3 次再熄弧一次，焊条在此段位置上的摆动路线如图 3-96 所示。

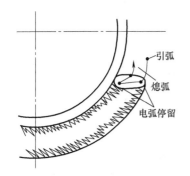

图 3-95　右侧焊盖面层间断熄弧法

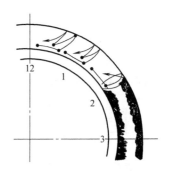

图 3-96　右侧焊盖面层间断熄弧时焊条的摆动路线

更换焊条的速度要快，引弧后焊条的倾角比正常焊接要大（下倾 10°～15°），第一次燃弧时间长一些，以免接头处产生凹坑。完成盖面焊的右侧焊道，如图 3-97 所示。

（5）左侧焊起头　施焊前，先将右侧焊道的始、末端焊渣清除干净，如接头处有焊瘤或焊道过高，须用角向砂轮进行修磨。然后由 8 点钟处的打底焊道的表面，以划擦法引弧后，将电弧拉至 6 点钟进行 1～2s 的预热，再压低电弧，焊条的倾角与焊接方向相反，如图 3-98a 所示。

6～7 点钟处以直线运条，根据焊脚的尺寸、焊道厚度逐渐加大摆动幅度，摆动时的焊条角度变化如图 3-98b 所示。

（6）左侧焊收弧　当施焊到 12 点钟处末尾时，作几次挑焊动作将熔池填满即可收弧。

（7）左侧焊其他部位　左侧焊其他部位的焊接操作均与右侧焊接相同。

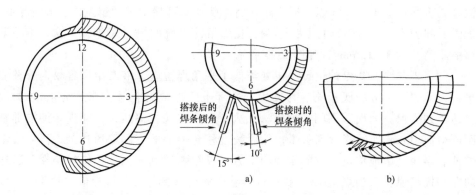

图 3-97 右侧盖面层焊道成形

图 3-98 焊缝连接时焊条摆动和运条

a）焊条摆动角度 b）运条法

练习 13 复 合 作 业

1. 两钢管正交

两圆管正交连接，钢管的材料为 Q235，壁厚为 4mm，如图 3-99 所示。钢管连接处用焊条电弧焊完成操作。

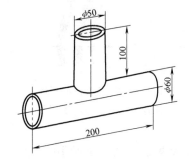

图 3-99 两圆管正交的形状与尺寸

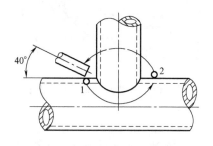

图 3-100 圆管正交时的焊接方法

（1）操作准备

1）电焊机为直流电弧焊机或交流电弧焊机均可。

2）焊条为 E4303，直径为 3.2mm。

3）焊接电流为 90～120A。

（2）操作要领

1）焊前清理。用钢丝刷打光待焊处，直至露出金属光泽。

2）装配及定位焊。由于两圆管正交时的相贯线是空间曲线，组装比较困难，组装后不应有较大的间隙，当修锉使接头处间隙基本均匀后，在三处用定位焊固定。

3）焊接方法：可分两半圆完成焊接，首先进行焊缝 1 的操作，如图 3-100 所示，在平焊位置起弧，起焊处应注意拉长电弧，稍有预热后再压低电弧焊接，使焊接处熔合良好。焊接过程中，焊缝位置不断变化，焊条角度也要相应变化。为避免焊接烧穿，可采用挑弧焊法，结尾时也接近平焊位置，由于钢管的温度增高，收弧的动作要快。当焊接焊缝 2 时，操作方法相同。在焊缝连接时，应重叠 10~15mm，但要使接头处平整圆滑。

（3）评定标准

1）操作姿势正确，焊脚尺寸为 7~10mm。

2）咬边深度小于 0.5mm，且累计咬边长度不超过焊缝总长的 20%。

3）焊缝不允许有裂纹、烧穿和焊瘤。

4）焊件上不允许有引弧痕迹。

2. 不锈钢板横焊

12Cr18Ni9 钢板，尺寸 12mm×150mm×300mm，用焊条电弧焊进行对接横焊，采用熔透焊道法进行焊接。

（1）操作准备

1）电焊机为直流电弧焊机。

2）焊条为 A002，直径为 3.2mm 或 4mm。

（2）操作要领

1）焊前准备。根据钢板的厚度开 V 形坡口，坡口角度为 70°，钝边为 2mm，用机械切削或用砂轮加工坡口，将两钢板待焊处打磨干净后进行组装，留 3mm 间隙，用定位焊固定。然后分三层完成焊接。

2）打底焊。用直径为 3.2mm 的焊条，焊接电流为 85~90A，直流反接，采用倒 8 字形运条法，可以达到焊缝背面余高约 1mm、正面余高约 5mm。运条路线如图 3-101a 所示，由点 1 处开始起焊。

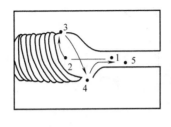 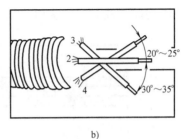

a）　　　　　　　　　　　　　b）

图 3-101　12Cr18Ni9 钢板对接横焊

a）运条路线　b）焊条在各位置的角度

焊条垂直于焊件并移至 2 点熔池中心，约 1s 后向上移至 3 点，此时将焊条头部朝向熔池上沿，同时向焊件方向推压约 2mm，避免背面成形时上部低凹，然后拉出焊条移向 4 点，再折回熔池中心移向 5 点。采用倒 8 字形运条时，焊条的角度要随之相应变化（见图 3-101b），如此循环上述动作，便可焊出正反面光滑均匀的第一道焊道。

3）填充焊。用直径为 4mm 的焊条，焊接电流为 125~130A，堆焊两道，如图 3-102 所示。焊第一道焊道时，要将打底层焊道熔化 1/2 以上，焊条向前倾角为 70° 同时焊条向下倾斜，与焊件平面夹角为 65°~70°，如图 3-102a 所示。第二道焊道用斜圆圈形运条，以达到与第一道焊道和打底层焊道充分熔合。填充层焊完后，焊层表面与焊件表面的距离控制在 2mm 左右，便于盖面焊道的成形符合要求。

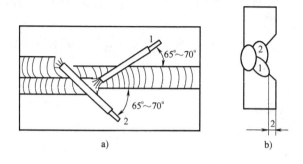

图 3-102　横焊第二层焊道操作

a）主视图　b）左视图

4）盖面焊。用直径为 4mm 的焊条，分 4 道完成，如图 3-103 所示。第一至第三道焊道的焊接，焊条倾角为 90°；第四道焊道的焊接，焊接电流为 115A，防止咬边，焊条向上倾斜 60°~70°，如图 3-103a 所示。同时电弧要压低，使焊条下端距熔池边约 1mm，以防止夹渣。若第一至第三道焊道的宽度及外沿形状一致，第四道焊道焊完之后，便可获得光滑、均匀的焊缝。

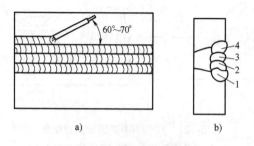

图 3-103　横焊盖面焊道顺序

a）主视图　b）左视图

横焊接弧的要点：换好焊条后，在位置 1 起弧后并拉长电弧烘烤，然后压低电弧移向位置 2，再移向位置 3，听到"噗噗"声后拉出焊条，转入正常焊接，如图 3-104 所示。

3. 不锈钢板立焊

12Cr19Ni9 钢板，尺寸 12mm×150mm×300mm，用焊条电弧焊对接横焊，采用熔透焊道法。

（1）操作准备

1）电弧焊机为选用直流电弧焊机。

2）焊条为 A002，直径为 3.2mm 或 4mm。

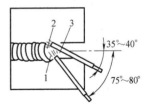

图 3-104　横焊的接弧要点

（2）操作要领

1）焊前准备。根据钢板厚度开 70°V 形坡口，钝边 2mm，用机械切削或用砂轮加工坡口，将两钢板待焊处打磨干净后进行组装，留 3mm 间隙，进行定位焊固定。然后分三层完成焊接。

2）打底焊。用直径为 3.2mm 的焊条，焊接电流为 80~85A。采用"倒漏斗"运条法，如图 3-105 所示。从 1 点起弧自上而下运条至 2 点，随后移向 3 点，再横向运条至 4 点，稍停片刻，提起焊条向 5 点移动，再至 6 点。如此连续动作，便可焊出正反两面光滑均匀的打底层焊道。操作时，5~6 点间的距离约等于焊条直径的两倍。1~6 点之间共 5 个动作，运条线路类似一个倒放的漏斗。操作要连续进行，一气呵成。

3）填充焊。用直径为 4mm 的焊条，焊接电流为 120~125A，采用扁三角形运条，所形成的焊道形状应尽量平整，如图 3-106 所示。这层焊道的形状对盖面焊道形状影响很大，焊道边沿距焊件表面 2mm 左右。运条到两侧时，焊条朝向坡口面，焊条与焊件平面成 70°角，如图 3-107 所示。稍停留后再恢复正常角度，这样可避免焊道边缘与坡口面形成夹角。当运条至中间时，电弧要压低，切忌药皮贴上熔池边缘，以防止形成焊缝表面夹渣。

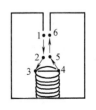

图 3-105　打底焊

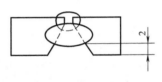

图 3-106　填充焊的形状

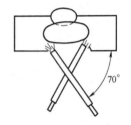

图 3-107　填充焊的运条

4）盖面焊。用直径为 4mm 的焊条，焊接电流为 115~120A，采用大月牙形运条，焊条从一侧向另一侧运条时速度稍快，以熔化良好、熔渣浮出为宜。有效避免对第一、二层焊道的重复加热，防止过烧和晶粒长大。运条过程中若发现熔池中间外沿鼓出时，应立刻灭弧。盖面层焊道要连续施焊，切忌焊条下沿贴上熔池边沿后运条，以防止夹渣。焊接中可提起焊条观察熔池形成情况。整个焊接过程要平稳。

5）立焊接弧法。在位置 1 起焊并用长弧烘烤后移至位置 2，再压低电弧移向位置 3，如图 3-108 所示。听到"噗噗"声后再左右轻微摆动，然后拉出焊条进行正常焊接。

6）立焊熄弧法。如图 3-109 所示，当快换焊条时，从最后一个熔池开始，由 1 点移向 2 点，压低电弧旋转一周后（旋转的直径约等于焊条直径）移向 3 点，稍作停顿后向中心部位挑灭弧，然后再从 4 点起弧，移向 5 点，电弧压低一周后向下挑灭弧。这种熄弧方法可使熔池冷却基本一致，避免产生缺陷。

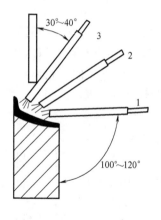

图 3-108　立焊接弧操作

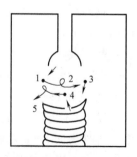

图 3-109　立焊熄弧操作

模块4

手工钨极氩弧焊

阐述说明

　　钨极氩弧焊使用纯钨或活化钨（钍钨、铈钨）作电极，钨极本身不熔化，只起发射电子产生电弧的作用，焊接时焊枪上喷出氩气保护电极及熔池。

● 项目1　氩弧焊基本知识 ●

　　1. 手工钨极氩弧焊设备（见图4-1）

　　（1）焊机　焊机包括焊接电源、高频振荡器和脉冲稳弧器等。焊接电源一般为焊条电弧焊的电源（弧焊变压器、弧焊整流器）；氩气难以电离，引弧困难，要用高频振荡器来引燃电弧；当使用交流电源时（频率50Hz），电流会有100次经过零点，电弧不稳，使用脉冲稳弧器可以保证重复引燃电弧并稳弧。

　　（2）焊枪　用于夹持电极、导电和输送氩气流。

　　（3）供气系统　供气系统包括氩气瓶、减压表、流量计和电磁阀等。氩气瓶外表涂灰色，用绿漆标"氩气"字样，气瓶压力15MPa，容积40L；减压表用于调节控制氩气、减压及调压；氩气通过时浮子升高，流量计用于测量气体流量；电磁阀用于开闭气路，提前供气和滞后停气（延时继电器控制）。

　　（4）冷却系统　冷却系统用来冷却焊接电缆、焊枪和钨极（焊接电流＞200A时使用）。在水冷系统装有水压开关，当水流压力过低或断水时，水压开关的接点打开，切断电源，避免焊枪的导电部分被烧坏。

　　（5）控制系统　通过控制线路，对供电、供气、引弧与稳弧等实现控制功能（见图4-2）。

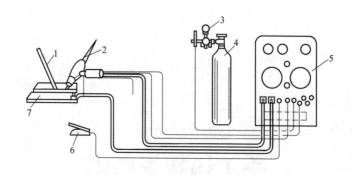

图 4-1　手工钨极氩弧焊设备

1—填充金属　2—焊枪　3—流量计　4—氩气瓶　5—焊机　6—开关　7—焊件

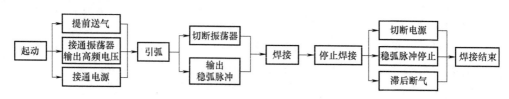

图 4-2　交流手工钨极氩弧焊控制程序

2. 钨极氩弧焊的定义

用高熔点的纯钨或活化钨（钍钨、铈钨等）作电极，用氩气作为保护气体的一种钨极惰性气体保护焊，即钨极氩弧焊。氩弧焊焊接时，可采用填充焊丝或不填充焊丝的方法形成焊缝，不填充焊丝主要用于薄板焊接。

3. 钨极氩弧焊的焊接过程

钨极氩弧焊是在氩气的保护下，利用钨极与焊件间产生的电弧热熔化母材和填充焊丝的一种焊接方法，如图 4-3 所示。

焊接时保护气体从焊枪的喷嘴中连续喷出，在电弧周围形成气体保护层隔绝空气，以防止其对钨极、熔池及热影响区的有害影响，焊接时不产生飞溅，焊后不需要清渣；冷却后形成优良的焊接接头。

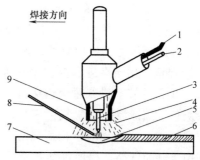

图 4-3　钨极氩弧焊的焊接过程

1—电缆　2—保护气导管　3—钨极　4—保护气体
5—熔池　6—焊缝　7—焊件　8—焊丝　9—喷嘴

4. 钨极氩弧焊的分类

（1）手工钨极氩弧焊 焊接时焊丝的填加和焊枪的运动是依据手工操作来完成的。主要用于焊接不锈钢（0.1～6mm的薄板）、难熔金属、异种金属。其实，它几乎可以焊接所有的金属与合金，应用比较广泛。

（2）自动钨极氩弧焊 焊丝的填加和焊枪的运动是由机电系统按设计程序自动完成的。用于焊接长的纵缝、环缝或曲线焊缝。

5. 钨极氩弧焊工艺

（1）接头与坡口形式 要根据焊件的材质、板厚及工艺要求来确定。常见的几种接头及坡口形式如图4-4所示。

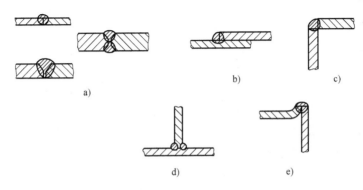

图4-4 氩弧焊常见的几种接头及坡口形式
a）对接接头 b）搭接接头 c）角接接头 d）T形接头 e）端接接头

（2）焊前清理 氩弧焊采用惰性气体氩气保护熔池，而惰性气体既无氧化性，也无还原性，因此焊接时对油污、水分、氧化皮等比较敏感。焊接前要对接头进行清理（用汽油清除油污后要进行烘干。不锈钢接头要用砂布或抛光打磨；铝合金应使用细钢丝刷或刮刀除掉氧化膜）。清理以后要尽快进行焊接。

（3）焊接电流及钨极直径 焊接电流大小要适当，过大造成咬边、烧穿；过小则焊不透。要根据焊件厚度来选择焊接电流及钨极直径，可通过查看电弧的情况来判断。若钨极端部呈熔融状的半球形，此时电弧最稳定，焊缝质量良好（见图4-5a）；若钨极端部电弧单边，电弧飘动，说明焊接电流过小（见图4-5b），容易产生未焊透缺陷；若焊接电流过大时，钨极端部发热，钨极的熔化部分易脱落到熔池中形成夹钨等缺陷，电弧不稳定，焊接质量差（见图4-5c）。

（4）焊丝 焊丝的直径过粗，对氩气会产生一种阻力，降低氩气的保护效果。但焊丝也不宜过细，否则由于焊丝熔化过快，易使焊丝与钨极接触，影响焊接质量。所以焊丝直径要根据板材厚度选择适当，才能有利于熔滴呈细滴状过渡

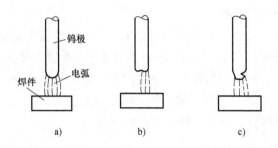

图 4-5 焊接电流及相应的电弧特征

a) 焊接电流正常 b) 焊接电流过小 c) 焊接电流过大

和提高氩气的保护效果。

（5）焊接速度 随着焊接速度的增大，熔透深度及焊缝宽度都相应地减小。当焊接速度太快时，则保护气体受到破坏，焊缝容易产生未焊透和气孔；反之，焊接速度太慢，容易产生烧穿和咬边，如图 4-6 所示。

（6）电弧长度 钨极末端到焊件之间的距离称为电弧长度。随着电弧长度的增大，焊缝宽度增大，熔透深度减小。当电弧太长时，焊缝容易产生未焊透和氧化现象。因此，在保证

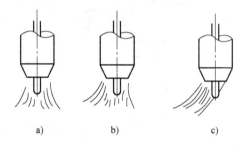

图 4-6 焊枪移动速度对氩气保护效果的影响

a) 焊枪不动 b) 焊接速度正常 c) 焊接速度过快

电弧不短路的情况下，应尽量采用短弧焊接。这样保护效果良好，电弧热量集中，焊透均匀，及焊接变形小。

（7）氩气流量 随着焊接速度和电弧长度的增加，则氩气的流量也要相应地增大，否则，容易造成保护性能变坏。当氩气流量太大时，则氩气的流速增大，会产生紊流，导致电弧不稳定、焊缝产生气孔和氧化现象。反之，氩气流量太小时，同样降低保护效果。在一定的限度内，氩气流量越大，保护效果越好。

（8）喷嘴直径 喷嘴直径应保证氩气从喷嘴流出后能严密地罩住焊接熔池。喷嘴直径过大或过小均不合适，喷嘴的直径过大，影响操作者的视线，不易观察焊缝成形。喷嘴直径过小，喷出的气流不能很好地罩住焊接区，使焊缝金属容易氧化。喷嘴的直径一般在 12～16mm 为宜，喷嘴直径是根据焊件厚度和焊接电流大小选择的。增加喷嘴直径，还需要增加气体流量，使保护区增大，以提高保护效果。

（9）喷嘴至焊件的距离 喷嘴到焊件的距离太大，保护气层受空气流动的影

响而发生摆动，当焊枪沿焊接方向移动时，保护气流抵抗空气阻力的能力会降低，空气易沿焊件表面侵入熔池。为了使焊接熔池得到很好的保护，喷嘴到焊件的距离以 8~14mm 为宜。

（10）钨极的伸出长度　钨极伸出长度增大，喷嘴距焊件的高度就要相应加大，喷嘴距焊件越远，氩气越容易受空气流的影响而发生摆动；钨极伸出长度太小，焊工观察焊缝成形及送丝情况不方便。一般钨极伸出长度 3~4mm 较合适。

 氩气保护效果的评定

通过测定氩气有效保护区域的直径大小，来判断氩气保护效果。测定的方法是在铝板上引燃电弧后，焊枪固定不动，电弧燃烧 5~6s 后断开电源，这时铝板上留下一银白色圆圈层。内圈为熔池，外圈层铝板表面光亮清洁，这就是氩气有效保护区域（也称去氧化膜区），其直径越大，则说明保护效果越好，如图 4-7 所示。

6. 氩弧焊焊枪

（1）使用要求　焊枪使用安全，有良好的导电性，能可靠地夹持钨极且方便更换（松开钨极帽可取出钨极）。能及时地输送氩气，保护效果好。冷却效果好。

（2）焊枪结构　水冷式氩弧焊焊枪的结构如图 4-8 所示。还有一种气冷式焊

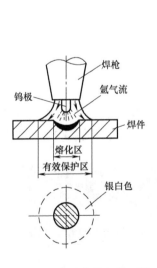

图 4-7　氩气的有效保护区域

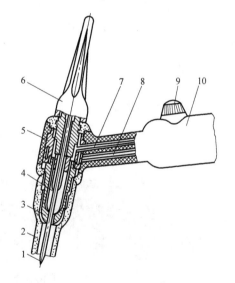

图 4-8　水冷式氩弧焊焊枪的结构

1—钨极　2—陶瓷喷嘴　3—导气套筒　4—钨极夹头
5—枪体（有冷却水腔）　6—钨极帽　7—导气管
8—导水管　9—控制开关　10—焊枪手柄

枪，供小电流（＜150A）焊接时使用，带水冷系统的焊枪重量大些，且结构复杂。它们都是由喷嘴、钨极夹头、枪体、电极帽、手柄和控制开关等组成的。喷嘴为易损件，使用时应注意避免喷嘴与焊件接触，使用时焊接电流不能超过500A（不锈钢、黄铜喷嘴150～500A，陶瓷喷嘴150～300A）。焊枪的钨极容易烧损（可修磨后再使用）。

（3）电极 电极的作用是传导电流、引燃电弧和维持电弧稳定燃烧。主要有纯钨极、钍钨极、铈钨极。纯钨极不易引弧，电弧燃烧的稳定性差，电流大时容易烧损，不宜采用大电流；钍钨极容易引弧，电弧稳定性好，有微量的放射性，使用时应注意防护；铈钨极容易引弧，电弧稳定性好，使用寿命长，无放射性危害。

（4）钨极端部的修磨 用台式砂轮机将钨极两端磨成所需的形状，使产生的电弧集中并且稳定，以保证焊缝成形质量。常见的钨极形状有以下三种：

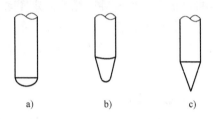

图4-9 钨极端部磨制的形状
（两端均修磨，烧损一端后掉头更换）
a）圆珠形 b）平底锥形 c）尖锥形

1）圆珠形（见图4-9a）。采用交流氩弧焊时，可避免极性变化发生烧损。

2）平底锥形（见图4-9b）。采用直流氩弧焊，可使电弧集中，燃烧稳定。

3）尖锥形（见图4-9c）。采用直流氩弧焊，用小电流焊接

 磨削钨极实例

采用直流氩弧焊，将钨极的两端磨成平底锥形，磨削的长度为直径的3～5倍，磨削的角度为30°。端部圆滑过渡，保证电弧集中稳定，如图4-10所示。

图4-10 磨削钨极的两端

7. 钨极氩弧焊操作要领

1）引弧。提前5～10s送气，采用高频振荡引弧（或脉冲引弧），使钨极端头

与焊件之间保持较短的距离，接通引弧器电路后引燃电弧。由于钨极不与焊件接触，因而钨极不致因短路而烧损，还可防止焊缝因电极材料落入熔池而形成夹钨等缺陷。

2）平焊。焊接时应尽量缩短喷嘴到焊件的距离，采用短弧焊接。焊枪与焊件的角度要适当，以便于填充焊丝为准。要保持电弧高度和焊枪的均匀移动，以确保焊缝熔深、熔宽的均匀，避免产生气孔和夹渣等缺陷。焊枪除做匀速直线运动外，还允许做适当的横向摆动，得到合适的熔宽。

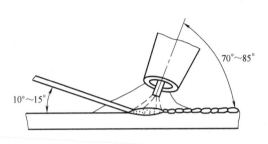

图 4-11　焊枪与填充焊丝的夹角

填充焊丝的直径一般不得大于 4mm，太粗会产生夹渣和未焊透现象。焊枪与填充焊丝之间的夹角，如图 4-11 所示。填充焊丝在熔池前均匀地向熔池送入，不能扰乱氩气气流。焊丝端部始终处于氩气保护区内。

3）焊枪摆动方式。沿焊枪钨极轴线方向送进、沿焊缝方向移动和横向摆动。各种摆动方式的适用范围见表 4-1。

表 4-1　手工钨极氩弧焊焊枪的摆动方式及应用

焊枪摆动方式	示意图	适用范围
直线形		I 形坡口对接焊 多层多道的打底焊
锯齿形		对接接头全位置焊
月牙形		角接接头的立焊、横焊和仰焊
圆圈形		厚板对接平焊

4）收弧。焊缝在收弧处的弧坑应填满，不能有明显的下凹及气孔和裂纹。熄弧后，不要立即抬起焊枪，要使焊枪在焊缝上停留 3～5s，待钨极和熔池冷却后，再抬起焊枪，停止供气，以防止焊缝和钨极受到氧化。

• 项目 2　平敷焊 •

（1）实训焊件　不锈钢板 3mm×100mm×200mm，不锈钢焊丝 φ2mm。

（2）操作姿势　根据焊件高度，身体呈站立或下蹲姿势，上半身稍向前倾，脚要站稳，肩膀抬至水平，右手自然握住焊枪，用手控制枪柄上的开关，如图 4-12 所示。左手持焊丝，头上戴面罩，准备焊接。

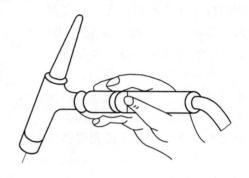

图 4-12　手握焊枪的姿势

（3）引弧　用引弧器进行引弧。钨极与焊件保持一定距离而不接触，就能在施焊点上直接引燃电弧，可使钨极端头保护完整，钨极损耗小，引弧处不会产生夹钨缺陷。

（4）焊接方法　电弧引燃后，要保持喷嘴到焊接处有一定距离并稍作停留，使母材上形成熔池后，再给送焊丝，焊接方向采用左焊法，如图 4-13 所示。

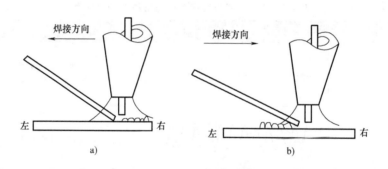

图 4-13　手工钨极氩弧焊方法

a）左焊法　b）右焊法

焊接时，焊枪与焊件表面成 70°～85°的夹角，填充焊丝与焊件表面成 10°～15°角为宜，如图 4-14 所示。夹角过大时，一方面对氩气流产生阻力，引起紊流，破坏保护效果；另一方面造成填充焊丝过渡熔化。焊丝与焊枪操作的相互配合是决定焊接质量的一个重要因素。

（5）连续送丝和断续送丝

1）连续送丝的焊丝比较平直，用左手拇指、食指和中指配合送丝，无名指和小指夹住焊丝控制方向，将焊丝送入焊接区，然后迅速弯曲拇指、食指，向上

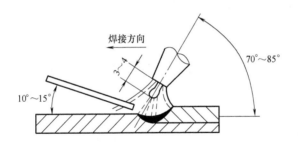

图 4-14　焊接时焊枪、焊丝、焊件的相对位置

倒换捏住焊丝，如此重复，直到焊完，如图 4-15 所示。

2）断续送丝是用左手拇指、食指、中指捏紧焊丝，焊丝末端应始终处于氩气保护区内。填丝动作要轻，不得扰动氩气保护层，以防止空气侵入。手臂和手腕的上、下反复动作，将焊丝端部的熔滴送入熔池。此法容易掌握，适用于小电流、慢焊接速度，焊缝波纹相对较粗，当间隙较大或电流不适合时，背面易产生凹陷。在全位置焊时多采用此法，焊丝、焊枪与焊件之间的位置如图 4-16 所示。

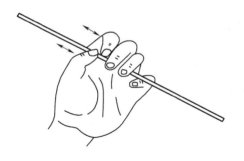

图 4-15　连续送丝

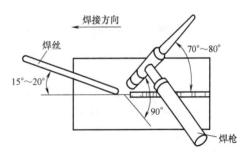

图 4-16　焊枪、焊件与焊丝的相对位置

（6）焊道的接头　若中途停顿再继续焊接时，要用电弧把起焊处的熔池金属重新熔化，形成新的熔池后再填加焊丝，并与原焊道重叠 5mm 左右。在重叠处要少填加焊丝，以避免接头过高。焊接平敷焊道，焊道与焊道间距为 20～30mm。焊缝表面要呈清晰和均匀的鱼鳞波纹。

（7）收弧方法

1）逐渐减小焊接电流，使熔池逐渐缩小。或焊丝的送给量逐渐减少，直到母材不熔化时为止。逐渐减少热输入，重叠焊缝 20～30mm，此方法最适合于环缝的焊接。

2）也可采用多次熄弧法，熄弧后马上再引燃电弧，重复两三次。此法可能会造成收弧处焊缝过高，焊后需要修磨。

（8）注意事项　填充焊丝时，焊丝端头切勿与钨极接触，焊丝会被钨极沾染，熔入熔池后易形成夹钨。焊丝送入熔池的落点应在熔池前缘上；被熔化后，将焊丝移出熔池，再将焊丝重复地送入熔池。填充焊丝不能离开氩气保护区，以免灼热的焊丝端头被氧化，降低焊缝质量，如图 4-17 所示。

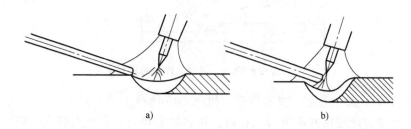

a)　　　　　　　　　　　　　b)

图 4-17　填丝位置

a）正确　b）不正确

• 项目 3　管子水平固定焊 •

1）水平焊接管的图样及技术要求如图 4-18 所示。

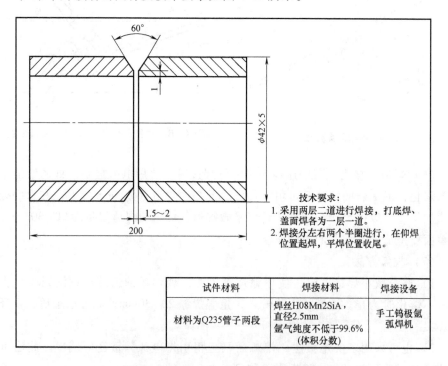

技术要求：
1. 采用两层二道进行焊接，打底焊、盖面焊各为一层一道。
2. 焊接分左右两个半圈进行，在仰焊位置起焊，平焊位置收尾。

试件材料	焊接材料	焊接设备
材料为Q235管子两段	焊丝H08Mn2SiA，直径2.5mm　氩气纯度不低于99.6%（体积分数）	手工钨极氩弧焊机

图 4-18　TIG 焊接水平固定管的图样

2）操作要点。掌握手工 TIG 焊焊接水平管的操作方法和技巧。水平固定管焊接，由于存在着平、立、仰等多种焊接位置的操作，也称为全位置焊接。由于随着焊接位置的变化，熔敷金属受重力作用的方式也在改变，焊枪角度和焊接操作时的手形、身形都在发生变化，要采用短弧，控制熔池存在时间。

3）焊件。长度为 100mm 的管子（φ42mm×5mm）2 根，按图样的要求加工好坡口。

4）焊件与焊丝清理。将管件表面的油污、铁锈、氧化皮及其他污物清除干净。

5）装配及定位焊。装配时避免错边，接口间隙为 1.5～2mm。采用三点定位。

6）焊接。采用两层二道焊接，打底及盖面各为一层一道。分左、右两个半圈进行施焊，在仰焊位置起焊，在平焊位置收弧。每个半圈都存在仰、立、平三种焊接位置。起焊点在管中心线后 5～10mm，按逆时针方向焊接前半部分，在平焊位置越过管子中心线 5～10mm 收弧，再按顺时针方向焊接后半部分，操作方法与前半部分相同，如图 4-19 所示。在各位置时焊枪、焊件和焊丝相互间的角度如图 4-20 所示。焊接时应注意观察、控制坡口两侧的熔化状态，保证管子内壁焊缝成形均匀。当后半部分与前半部分在平位还差 3～4mm 封口时，停止送丝，先在

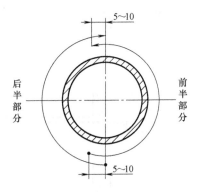

图 4-19　起弧和收弧操作示意图

封口处周围划圈预热，使之呈红热状态，再将电弧拉回原熔池填丝焊接。封口后停止送丝，继续向前施焊 5～10mm 后停弧，待熔池凝固后移开焊枪。打底层焊道厚度一般以 2mm 为宜。

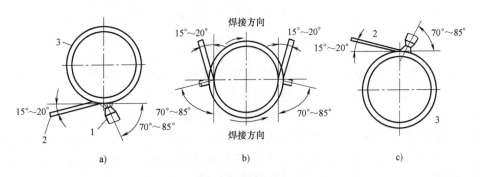

图 4-20　焊枪、焊丝和焊件相互间的角度

a）仰焊位置　b）立焊位置　c）平焊位置

打底层焊好后进行盖面层焊接。焊枪采用月牙形横向摆动，幅度稍大，焊接速度稍慢。运弧要平稳，钨极端部与熔池距离保持在2~3mm，熔池的轮廓应对称于焊缝的中心线，若发生偏斜，应随时调整焊枪角度及电弧在坡口边缘的停留时间。

7）注意事项。焊丝的端头切勿与钨极接触，否则会形成夹钨。填充焊丝不能离开氩气保护区，以免焊丝端头被氧化。手工钨极氩弧焊是双手同时操作的焊接方法，操作时，双手要配合协调，才能保证焊缝质量。

• 项目 4 管子对接垂直固定焊 •

1）焊接垂直管的图样及技术要求如图 4-21 所示。

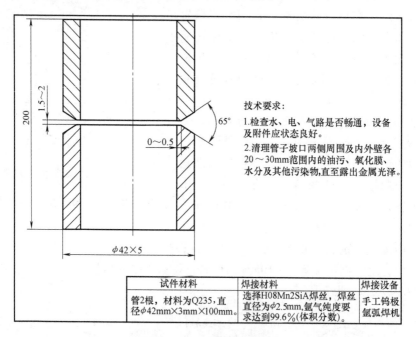

技术要求：
1.检查水、电、气路是否畅通，设备及附件应状态良好。
2.清理管子坡口两侧周围及内外壁各20~30mm范围内的油污、氧化膜、水分及其他污染物，直至露出金属光泽。

试件材料	焊接材料	焊接设备
管2根，材料为Q235，直径φ42mm×3mm×100mm。	选择H08Mn2SiA焊丝，焊丝直径为φ2.5mm,氩气纯度要求达到99.6%(体积分数)。	手工钨极氩弧焊机

图 4-21 TIG 焊垂直管的图样

2）操作要点。对接垂直固定焊的实质是横焊，焊缝是圆弧形。这个位置焊接时工件的装夹很关键，一个位置尽可能多焊，避免多次熄弧而造成接头多。打底焊时，电弧中心应对准上坡口，送丝位置要准确，焊接速度要快，尽量缩短熔池存在的时间。焊接过程中，若熔孔过大，金属液易下坠，故要控制好熔池的温度，从而缩小熔孔。焊枪角度应随管件外表面圆弧位置的改变而改变。焊接时，手腕要转动，身体的上半部分也随之做圆弧状移动。

3）焊件。长 100mm 的 Q235 管子两根，尺寸 φ42mm×3mm，按图样的要求加工好坡口。

4）焊件与焊丝清理。清除管件坡口和坡口两侧 20～30mm 范围内的油污、铁锈、氧化皮、毛刺，焊丝用砂布清除锈蚀及油污。

5）装配及定位焊。管子轴线应与接口环缝所在的平面垂直，环缝应对正不能有错边，装配间隙为 1.5～2mm。采用 1 点定位焊，定位焊缝长度为 10～15mm，该处间隙为 2mm，与它间隔 180°处间隙为 1.5mm，定位焊缝的两端应打磨成斜坡。

6）焊接。采用两层三道的左向焊接，打底焊为一层一道，盖面焊为一层两道。焊枪角度如图 4-22 所示。在间隙较小处引弧，先不填充焊丝，待坡口根部熔化后填充焊丝，当焊丝端部熔化形成熔滴后，将焊丝轻轻向熔池里推一下，并向管内摆动，将铁液送到坡口根部，以保证背面焊缝的高度。填充焊丝时，焊枪应做小幅度横向摆动，并向左均匀移动。熔池的热量要集中在坡口的下部，以防止上部过热，母材熔化过多，产生咬边或焊缝背面下坠等缺陷。

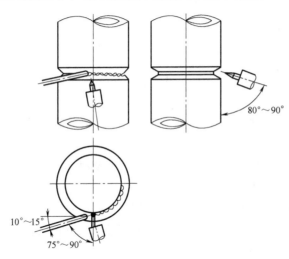

图 4-22　打底焊的焊枪角度

盖面焊时先焊下面的焊道。焊枪角度如图 4-23 所示。让电弧对准打底焊道的下沿，使熔池的上沿在打底焊道的 1/3～2/3 处，焊上面的焊道时，电弧应对准打底焊道的上沿。

使熔池的上沿超出管子坡口上棱边 0.5～1.5mm，熔池的下沿与下面的盖面焊道圆滑过渡，焊接速度要适当加快，送丝频率加快，适当减少送丝

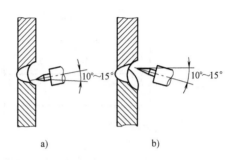

图 4-23　盖面焊的焊枪角度
a）盖面焊下面焊道　b）盖面焊上面焊道

量，防止熔滴下坠。

7）钨极修磨。焊丝与钨极发生触碰后，会瞬间短路而造成焊缝污染和夹钨，此时，应立即停止焊接，用砂轮磨去被污染处，直至露出金属光泽；同时，重新磨尖钨极后继续焊接。

● 项目5 平 角 焊 ●

1. 操作准备

1）手工钨极氩弧焊机（WS—400）。

2）气冷式焊枪。

3）焊件为不锈钢板，200mm×50mm 两块，厚 2~4mm。

4）钍钨极为直径 2mm。

5）氩气瓶、流量计、面罩。

6）辅助及防护工具包括：活扳手、克丝钳、锤子、工作服、手套、口罩、胶鞋等。

2. 操作要领

（1）焊件表面清理　用角砂轮（安装布轮）或砂布将待焊处附近 20~30mm 的氧化皮清理干净。

（2）定位焊　定位焊焊缝的距离由焊件厚度及焊缝长度来决定。焊件越薄，焊缝越长，定位焊缝距离越小。焊件厚度为 2~4mm 时，定位焊缝间距一般为 20~40mm，定位焊缝距两边缘为 5~10mm，也可以根据焊缝位置的具体情况灵活选择。

定位焊缝的宽度和余高不应大于正式焊缝的宽度和余高。定位焊点可以采用两种顺序，如图 4-24 所示。从焊件两端开始定位焊时，开始两点应在距边缘 5mm

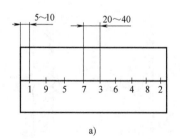
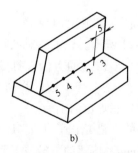

a）　　　　　　　　　　b）

图 4-24　定位焊点可以采用两种顺序

a）从两头定位焊　b）从中间进行定位焊

处；第 3 点在整个接缝中心处；第 4、5 两点在边缘和中心点之间，以此类推。从焊件接缝中心开始定位焊时，从中间点开始，先向一个方向定位，再往相反方向定位其他各点。定位焊时所用的焊丝直径与正式焊接相同，但焊接电流可适当加大。

（3）矫正　定位焊后进行矫正，是焊接过程不可缺少的工序，它对焊接质量起着很重要的作用，是保证焊件尺寸、形状和间隙大小，以及防止烧穿的关键。

（4）焊接　用左焊法，焊丝、焊枪与焊件之间的相对位置如图 4-25 所示。

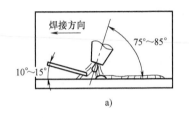 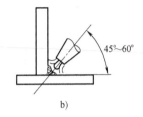

a)　　　　　　　　　　　　　　　b)

图 4-25　平角焊的焊丝、焊枪与焊件的相对位置

a）主视图　b）左视图

1）内平角焊。进行内平角焊时，由于液态金属容易流向水平面，很容易使垂直面咬边。因此焊枪与水平面夹角应大些，一般为 45°～60°。钨极端部偏向水平面，使熔池温度均匀。焊丝与水平面成 10°～15° 的夹角，焊丝端部应偏向垂直板。若两焊件厚度不相同时，焊枪角度偏向厚板一边。在焊接过程中，要求焊枪运行平稳，送丝均匀，保持焊接电弧稳定燃烧，以保证焊接质量。

2）焊接电流。在相同条件下，角焊缝所用焊接电流比对接平焊时稍大些。如果焊接电流过大，易产生咬边，而焊接电流过小会产生未焊透等缺陷。

3）船形焊：将 T 形接头或角接接头转动 45°，使接头处于平焊位置的焊接称为船形焊。船形焊可以避免平角焊时液态金属流向水平面，导致焊缝成形不良的缺陷。船形焊对熔池保护性好，可采用大电流，使熔深增加，而且操作容易掌握，焊缝成形也好，如图 4-26 所示。

4）外平角焊。在焊件外角施焊，操作比内角焊方便，操作方法与对接平焊相同。焊接间隙越小越好，以避免烧穿，如图 4-27 所示。焊接时用左焊法，将钨极对准焊缝中心线，焊枪均匀平稳地向前移动。焊丝断续地向熔池中填加填充金属，注意不要点在熔池的外面，以免粘住焊丝。向熔池中填加焊丝的速度要均匀，速度不均就会使焊缝金属高低不平。

如果发现熔池有下陷的现象，而加速填加焊丝还不能解决这个问题时，就要减小焊枪的倾斜角，并加快焊接速度。造成下陷或烧穿的原因主要是焊接电流过大、焊丝太细、局部间隙过大或焊接速度太慢等。如果发现焊缝两侧金属的温度低，焊件熔化不够时，就要减慢焊接速度，增大焊枪角度，直至达到正常焊接。

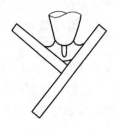

图 4-26　船形焊

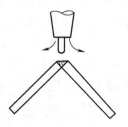

图 4-27　外平角焊

外平角焊保护效果差，为了改善保护效果，可以用 W 形挡板（见图 4-28），即将薄钢板中部开孔，然后弯曲成 W 形，套在焊件的外部，这样焊接电弧稳定，氩气的保护效果好，如图 4-29 所示。

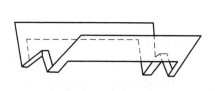

图 4-28　W 形挡板

图 4-29　W 形挡板的应用

3. 操作质量要求

1）要求焊缝平整，焊缝波纹均匀。

2）在板厚相同的条件下，不允许出现焊缝两边焊脚不对称的现象。

3）焊缝的根部要焊透。

4）焊缝的收弧处不允许有弧坑和弧坑裂纹。

5）焊缝不允许有粗大的焊瘤。

二氧化碳气体保护焊

阐述说明

对于高合金钢和稀有金属的焊接，焊条电弧焊难以达到工艺要求，而二氧化碳气体保护焊（亦称 CO_2 气体保护焊，简称 CO_2 焊）是将 CO_2 气体输送至熔池周围作为保护介质，保护熔滴、熔池和焊接区域免受周围空气侵入，可弥补焊条电弧焊的局限性。

• 项目1　CO_2 气体保护焊的原理、分类及特点 •

1. 原理

CO_2 气体保护焊是用外加气体 CO_2 作为电弧介质并保护电弧和焊接区域，保证焊接过程的稳定性，保护熔滴、熔池和焊接区域免受周围空气侵入。焊接电弧熔化焊丝和母材，形成熔池得到良好的焊缝，如图5-1所示。

2. 焊接过程

电源的两端分别接在焊枪和焊件上，盘状焊丝由送丝机构带动，经软管和导电嘴不断地向电弧区域送进；同时 CO_2 气体以一定的压力和流量送入焊枪，通过喷嘴

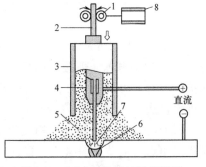

图5-1　CO_2 气体保护焊的原理

1—送丝滚轮　2—焊丝　3—喷嘴
4—导电嘴　5—保护气体　6—焊缝金属
7—电弧　8—送丝机

后，形成一股保护气体，使熔池和电弧不受空气的侵入，随着焊枪的移动，熔池金属冷却凝固而形成焊缝，从而将待焊的工件连接成一体，如图 5-2 所示。

3. 特点

1）CO_2 气体来源广，成本低，消耗的焊接电能少。

2）焊丝为连续送进，焊后没有焊渣，节约了清渣时间。

3）对铁锈的敏感性不大，焊缝不易产生气孔，而且焊缝含氢量低，抗裂性能好。

4）焊接变形和焊接应力小。由于电弧热量集中，焊件加热面积小，同时 CO_2 气流具有较强的冷却作用，适于各种位置、厚度的钢板焊接，特别是薄板焊接。

5）使用大电流焊接时，弧光较强、电弧辐射较强、操作环境对工人的健康不利，焊缝成形较差，飞溅较多。

6）不宜在有风的地方施焊，在室外作业时需有防风措施。

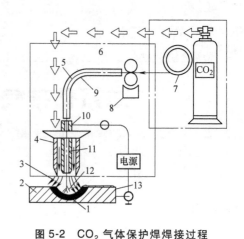

图 5-2 CO_2 气体保护焊焊接过程

1—熔池 2—焊件 3—CO_2 气体 4—喷嘴
5—焊丝 6—焊接设备 7—焊丝盘 8—送丝机构
9—软管 10—焊枪 11—导电嘴 12—电弧 13—焊缝

4. 设备

CO_2 气体保护焊的操作有自动焊和半自动焊，其基本原理相同，只不过在自动焊设备中多一套焊枪与焊机相对运动的传动机构。CO_2 气体保护焊设备由焊接电源、供气系统、控制系统、送丝机构、自动或半自动焊枪等组成，有的还有循环水冷系统。图 5-3 所示为半自动 CO_2 焊设备。

（1）焊接电源 焊接电源是提供焊接能量的装置，如图 5-4 所示。CO_2 气体保护焊一般采用直流电源，目前电源大都选用逆变式直流电源，焊接时一般采用反极性接法。

（2）送丝机构 送丝机构是驱动焊丝向焊枪输送的装置，如图 5-5 所示。送丝机构由送丝电动机、减速装置、送丝滚轮和压紧机构等组成，稳定性和可靠性好。采用等速送丝。常见送丝方式有推丝式、拉丝式、推拉丝式，如图 5-6 所示。

（3）焊枪 焊枪的作用是导电、导丝、导气。由于焊接电流通过导电嘴将产生电阻热和电弧的辐射热，因此焊枪需要冷却（气冷、水冷）。目前鹅颈式气冷焊枪应用最广，如图 5-7 所示。

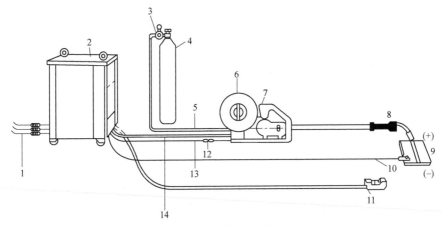

图 5-3　半自动 CO_2 焊设备

1—电缆　2—焊接电源　3—气体流量调节器　4—气瓶　5—通气软管　6—焊丝　7—送丝机
8—焊枪　9—工件　10—电缆　11—遥控盒　12—电缆接头　13—焊接电缆　14—控制电缆

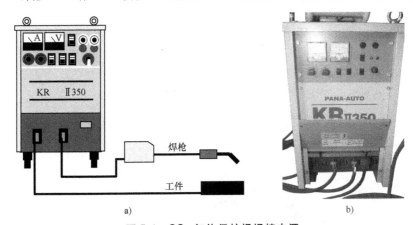

a)　　　　　　　　　　　　　　　　b)

图 5-4　CO_2 气体保护焊焊接电源

a) 焊机接线示意图　b) 焊机接线实物图

（4）供气系统　焊接时提供流量稳定的保护气，由气瓶（铝白色）、预热器、减压器、流量计、气管和电磁气阀组成，必要时可加装干燥器。流量计是用来调节和测量保护气体流量的。减压器是将气瓶中的高压 CO_2 气体压力降低，并保证输出气体压力稳定。预热器可防止瓶口结冰。通常将预热器、减压器、流量计做成一体，称为 CO_2 减压流

图 5-5　CO_2 气体保护焊送丝机构

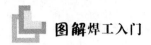

量计（通常属于焊机的标准随机配备），如图5-8所示。

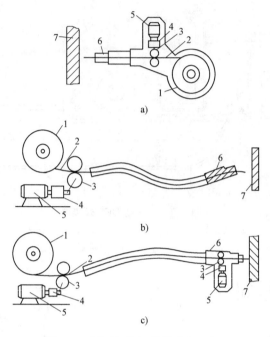

a)

b)

c)

图5-6　CO$_2$气体保护焊送丝机构

a）推丝式　b）拉丝式　c）推拉丝式

1—焊丝盘　2—焊丝　3—送丝滚轮　4—减速机　5—电动机　6—焊枪　7—焊件

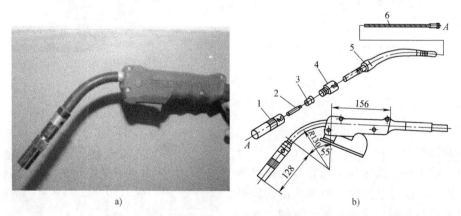

a)

b)

图5-7　CO$_2$气体保护焊焊枪

a）鹅颈式焊枪实物图　b）鹅颈式焊枪的结构

1—喷嘴　2—导电嘴　3—分流器　4—接头　5—枪体　6—弹簧软管

焊接前打开气体阀门，向供气系统供气，手压焊枪微动开关，调节流量计，使气体流量符合使用要求，焊接结束后，关闭气瓶阀门。

（5）控制系统　对焊接电源、供气、送丝等系统按程序进行控制。控制焊丝的自动送进、提前送气、滞后停气、引弧、电流通断、电流衰减、冷却水流的通断等。对于自动焊机，还要控制小车或其他机构的行走。

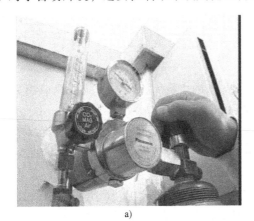

a)　　　　　　　　　　　　　　b)

图 5-8　CO_2 气体保护焊供气系统

a）CO_2 减压流量计　b）气瓶

在半自动情况下，控制箱大多放置在电源箱内，在自动情况下，控制箱往往独立放置。

5. 焊接设备的连接

CO_2 气体保护焊焊接设备的安装连接如图 5-9 所示。

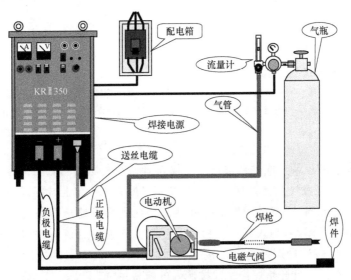

图 5-9　CO_2 气体保护焊焊接设备的安装连接

具体安装连接的操作步骤如下：按焊接电源所规定的输入电压、相数、频率，确保与电网相符再接入配电盘→接好电源接地线→焊接电源输出端负极与母材连接→焊接电源输出端正极与焊枪供电部分连接→连接控制箱→连接送丝机构控制电缆→安装 CO_2 气体减压流量调节器，并将出气口与送丝机构的气管连接→将减压流量调节器上的电源插头（预热作用）插入焊机的专用插座→焊丝送丝机构与焊枪连接。

6. 焊接设备的使用

焊接设备的使用及操作步骤主要包括：装焊丝；安装减压调节阀并调整流量；选择焊机工作方式；焊机工作和焊接参数调节等。

（1）装焊丝 送丝机如图 5-10 所示，焊丝的安装如图 5-11 所示。

将焊丝盘装在轴上并锁紧→将压紧螺钉松开并转到左边，顺时针翻起压力臂→将焊丝通过矫直轮，并经与焊丝直径对应的 V 形槽插入导管电缆 20～30mm→放下压力臂并拧紧压紧螺钉→调整矫直轮压力，矫直轮压紧螺钉视焊丝直径大小加压→按遥控器手动送丝按钮，焊丝头应超过导电嘴端 10～20mm。

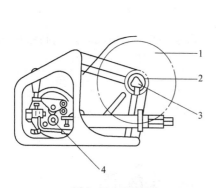

图 5-10　送丝机

1—焊丝盘　2—焊丝盘轴
3—锁紧螺母　4—送丝轮

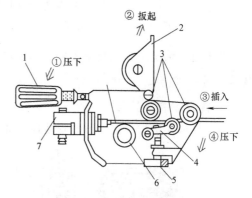

图 5-11　焊丝的安装

1—压紧螺钉　2—压力臂　3—矫直轮
4—活动校正臂　5—校正调整螺钉
6—送丝轮　7—焊枪电缆插座

（2）安装减压调节阀并调整流量 操作者站在气瓶嘴的侧面，缓慢开、闭气瓶阀 1～2 次，检查气瓶是否有气，并吹净瓶口的脏物→装上减压调节器，并拧紧螺母（顺时针方向），然后缓慢地打开瓶阀，检查接口处是否漏气→按下焊机面板供气按钮（见图 5-12）。置于"检查"位置，慢慢拧开流量调节手柄，至流量符合要求为止→流量调好后，再按一次供气开关，置于"焊接"位置，使气路处于准备状态，一旦开始焊接，即按调好的流量供气。

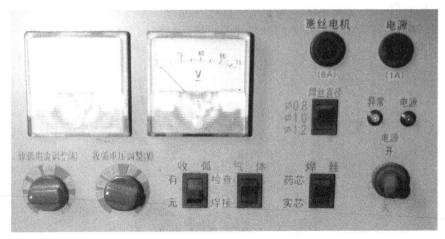

图 5-12　焊机面板操作控制按钮

（3）选择焊机的工作方式　可将焊机面板的收弧开关置于"有"或"无"位置进行控制，如图 5-12 所示。

1）连续焊长焊缝工作方式。将面板收弧开关置于"有"的位置，按一下焊枪上的控制开关就可松开，焊接过程即自动进行，焊工不必一直按着开关，以便操作时轻松。当第二次按焊枪上的控制开关时，焊接电流与电弧电压按预先调整好的参数减小，电弧电压降低，送丝速度减慢，第二次松开控制开关时，填满弧坑，焊接结束。如图 5-13 所示。焊接电流和电弧电压可以分别用焊机面板上的收弧电流和收弧电压调整旋钮调节。

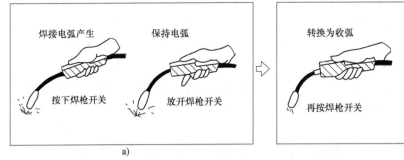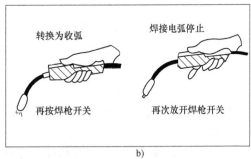

图 5-13　连续长焊缝工作方式
a）焊接　b）结束

焊枪控制开关第二次接通时间根据弧坑状况选择，应避免弧坑不满或弧坑处堆高太大。接通时间必须在操作过程中反复练习才能掌握。

2）断续焊短焊缝工作方式。薄板焊接或定位焊时，将面板的收弧开关置于

"无"的位置，开或关焊枪开关的同时，焊接电弧产生或停止，如图 5-14 所示。焊接过程中手不能松开焊枪上的控制开关，焊工劳动强度较大。焊接中靠反复引弧、断弧的方法填满弧坑。

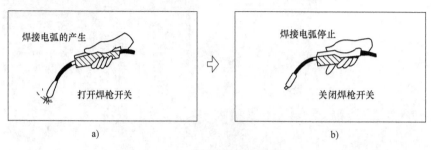

焊接电弧的产生　打开焊枪开关

焊接电弧停止　关闭焊枪开关

a)　　　　　　　　　　　　　　b)

图 5-14　断续焊短焊缝的工作方式

a）焊接　b）结束

3）焊机操作过程。焊机安装完毕，合上空气开关→打开气瓶阀门→合上主机电源开关→气体置到"检查"→调节流量计旋钮（气体流量 20L/min）→气体置到"焊接"→收弧"有"→丝径"1.2"→"实心"→进行焊接电流和收弧电流预置→根据焊丝直径确定伸出长度→进行试焊→正确调节焊接参数→正式焊接。

7. 焊接参数对焊接质量的影响

焊接参数是保证焊接质量、提高效率的重要条件。二氧化碳气体保护焊的焊接参数包括电源极性、焊丝直径、焊接电流、电弧电压、气体流量、焊接速度、焊丝伸出长度、直流回路电感等。

（1）电源极性　CO_2 气体保护焊通常都采用直流反接，此时焊接过程稳定，飞溅较小。采用直流正接时，在相同的焊接电流下，焊丝熔化速度大大提高，而熔深较浅，焊缝余高大，飞溅增多。基于以上特点，只有在大电流高速焊接、堆焊和铸铁补焊时才采用直流正接。

（2）焊丝直径　焊丝直径一般可根据焊件厚度、施焊位置及对生产率的要求等来选择。通常半自动焊采用 $\phi0.4 \sim \phi1.6mm$ 焊丝，而自动焊采用较粗焊丝，其直径为 $\phi1.6 \sim \phi5mm$。

（3）焊接电流　CO_2 气体保护焊时，焊接电流是最重要的焊接参数，因为焊接电流的大小决定了熔滴过渡形式，对飞溅的大小、焊接过程的稳定性有很大影响，同时焊接电流对熔深大小和焊接生产率也有决定性的作用。焊接电流大小应根据母材厚度、焊丝直径、施焊位置和所要求的熔滴过渡形式来决定。用直径 $\phi0.8 \sim \phi1.6mm$ 的焊丝，当短路过渡时，焊接电流在 50~230A 内选择；粗滴过渡时，焊接电流可在 250~500A 内选择。

（4）电弧电压　电弧电压应与焊接电流配合选择。随焊接电流的增加，电弧电压也相应增加。短路过渡时，电弧电压为 16～24V；粗滴过渡时，电弧电压为 25～45V。电弧电压过高或过低，都会影响电弧的稳定性并造成飞溅增加。

（5）气体流量　根据焊接电流、焊接速度、焊丝伸出长度及喷嘴直径等选择，流量过大或过小都影响保护效果，容易产生焊接缺陷。通常细丝焊接时，气体流量为 5～15L/min，粗丝焊接时，气体流量为 15～25L/min。

（6）焊接速度　焊接速度对焊缝的形成和接头性能都有影响。焊接速度过快会引起咬边、未焊透及气孔等缺陷。焊接速度过慢则效率低，输入焊缝的热量过多，接头晶粒粗大，变形大，焊缝成形差。一般半自动焊接速度为 15～40m/h，自动焊接焊接速度为 15～80m/h。

（7）焊丝伸出长度　焊丝伸出长度过长时，因焊丝过热而成段熔化，使焊接过程不稳定、金属飞溅严重、焊缝成形不良和气体对熔池的保护作用减弱；反之，当焊丝伸出长度太短时，则使喷嘴过热，造成金属飞溅物黏住或堵塞喷嘴，从而影响气流的流通。焊丝伸出长度取决于焊丝直径，一般约等于焊丝直径的 10倍，且不超过 15mm。

（8）直流回路电感　在焊接回路中，为使焊接电弧稳定和减少飞溅，一般需串联合适的电感。当电感值太大时，短路电流增长速度太慢，就会引起大颗粒的金属飞溅和焊丝成段炸断，造成熄弧或引弧困难；当电感值太小时，短路电流增长速度太快，会造成很细颗粒的金属飞溅，使焊缝边缘不齐，成形不良。再者，盘绕的焊接电缆就相当于一个附加电感，所以一旦焊接过程稳定下来以后，就不要随便改动。

8. 如何调节焊接参数

1）根据焊件厚度、焊缝位置，按经验公式选择焊丝直径、气体流量、焊接电流。

2）在试板上试焊，根据选择的焊接电流，调整电弧电压。

3）根据试板上焊缝成形的情况，适当调整焊接电流、电弧电压、气体流量，以达到最佳焊接参数。

4）在焊件的正式焊接过程中，应注意焊接回路接触电阻引起的电压降低，及时调整电弧电压，确保焊接过程稳定。

焊接电流由电流表下面的旋钮或遥控器旋钮来调节，顺时针转调大，反时针转调小，一般调动的幅度很小。电弧电压由电弧电压表下方的旋钮或遥控器旋钮来调节，顺时针转调大，反之调小。气体流量的调节是通过流量计上的流量调节手柄来完成的。

9. 焊接操作要点

1）焊接前应将相应的功能旋钮、开关置于正确位置。

2）焊机电源开关打开后，电源指示灯亮，冷却风扇转动，焊机进入准备焊接状态。

3）按焊枪开关，开始送气、送丝和送电，然后引弧焊接。

4）焊接结束时，关上焊枪开关，然后停丝和停气。

10．CO_2 焊机使用的注意事项

1）初次使用焊机前，必须认真阅读说明书，了解与掌握焊机性能，并在有关人员指导下进行操作。

2）焊机必须在室温不超过 40℃、湿度不超过 85%、无有害气体和易燃易爆气体的环境中使用。CO_2 气瓶不得靠近热源或在太阳光下直接照射。

3）焊机接地必须可靠。

4）焊枪不准放在焊机上，也不得随意乱扔乱放，应放在安全可靠的地方。

5）应经常注意焊丝滚轮的送丝情况，如发现因送丝滚轮磨损而出现的送丝不良，应更换新件。使用时不宜把压丝轮调得过紧，但也不能太松，调到焊丝输出稳定可靠为宜。

6）定期检查送丝机构齿轮箱的润滑情况，必要时应添加或更换新的润滑油。

7）经常检查导电嘴的磨损情况，磨损严重时，应及时更换。

8）半自动 CO_2 焊机的送丝电动机要定期检查炭刷的磨损程度，磨损严重时要调换新炭刷。

9）必须定期对半自动 CO_2 焊焊丝输送软管以及弹簧管的工作情况进行检查，防止出现漏气或送丝不稳定等故障。对弹簧软管的内部要定期清洗，并排除管内脏物。

● 项目2　平　敷　焊 ●

1．材料准备

焊接试板 1 块，尺寸为 300mm×120mm×12mm，如图 5-15 所示。

2．操作要点

1）掌握 CO_2 焊的持枪方式、焊道起头、焊枪和焊丝的运动、焊道接头和收弧等基本操作。达到引弧准确、电弧燃烧稳定、燃烧过程快等要求，正确使用 CO_2 焊机，能够在平板上完成平敷焊操作。

2）焊接不同位置焊缝时的正确持枪姿势如图 5-16 所示。

① 焊枪重，焊枪后面是一根送丝导管，因此操作时比较吃力，要根据焊接位置，选择正确的持枪姿势，使自己既不感到别扭，又能长时间、稳定地进行

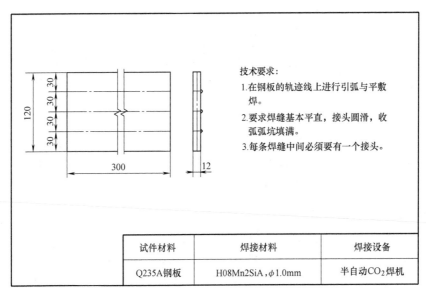

试件材料	焊接材料	焊接设备
Q235A钢板	H08Mn2SiA，ϕ1.0mm	半自动CO_2焊机

图 5-15　平敷焊试件

焊接。

　　② 操作时手臂都处于自然状态，手腕能灵活带动焊枪平移或转动，不感觉到太累。

　　③ 焊接过程中，软管电缆最小的曲率半径应大于300mm，可随意拖动焊枪。

　　④ 焊接时能维持焊枪倾斜角度不变，还能清楚、方便地观察熔池。

　　⑤ 将送丝机放置在合适位置，以保证焊枪在焊接范围内自由移动。

　　　a)　　　　　b)　　　　　c)　　　　　d)　　　　　e)

图 5-16　CO_2 气体保护焊焊接不同位置焊缝时的正确持枪姿势

a)、c) 平焊　b) 角焊　d) 立焊　e) 仰焊

3. 焊接前的准备

1）焊接前要把焊丝和焊件表面的油、锈、氧化皮等污物清理干净。

2）按图样要求用粉笔画线，作为焊接时的运条轨迹线。

3）将试板放置在工位上，处于平焊位置。

4）将焊丝装到焊丝盘上，按表 5-1 调节好焊接参数。

表 5-1　CO_2 焊平敷焊的焊接参数

焊接电流/A	电弧电压/V	焊丝伸出长度	焊接速度/(m/h)	气体流量/(L/min)
120~140	20~22	10~15	18~30	15~20

4. 操作姿势

根据工作台的高度，操作者身体呈站立或下蹲姿势，上半身稍向前倾，脚要站稳，肩部用力使臂膀抬至水平，右手握焊枪，但不要握得太死，要自然，并用手控制枪柄上的开关，左手持面罩，准备焊接。

5. 引弧及调整参数

（1）修剪焊丝　引弧前先按焊枪上的控制开关，点动送出一段焊丝，焊丝伸出长度小于喷嘴与焊件间距离，超长部分应剪去，并保证焊丝伸出长度为 10~15mm，如图 5-17a 所示。若焊丝端部出现球状时必须先剪去，否则会造成引弧困难，如图 5-17b 所示。

（2）引弧　在试板的右端引弧，从右向左焊接。通常采用"短路引弧"法。将焊枪按要求放在引弧处，按焊枪上的控制开关，焊机自动提前送气，然后按起动按钮，接通焊接电源送出焊丝，当焊丝碰撞焊件短路后，自动引燃电弧。此时焊枪有抬起趋势，必须稍用力将焊枪向下压，尽量减少焊枪回弹，防止焊枪因抬起太高、电弧太长而熄灭，保持焊嘴与焊件间的距离。若为对接焊，为保证引弧处质量，应采用引弧板，或在距焊件端部 2~4mm 处引弧，然后缓慢引向待焊处，当焊缝金属熔化后，再以正常焊接速度施焊。

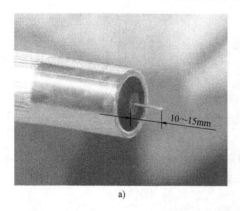
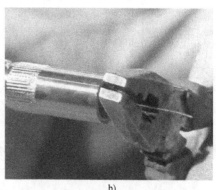

10~15mm

a)　　　　　　　　　　　　　　b)

图 5-17　焊丝伸出长度

a）焊丝伸出长度　b）剪断球状物

（3）判断焊接参数　引燃电弧后，通常都采用左向焊。要保持合适的倾角和喷嘴高度，沿焊接方向均匀移动，当坡口较宽时焊枪还要做横向摆动。根据熔池情况、电弧的稳定性、飞溅的大小及焊缝成形，判断所选焊接参数是否恰当，不合适就需要调整。

6. 焊枪及焊丝运动

根据焊接电流大小、熔池形状、焊件的熔合情况调整焊枪移动速度，注意焊枪角度，保持焊枪与焊件的相对位置。焊枪均匀移动，保持横向摆动摆幅一致。

（1）直线焊接　直线运动而不摆动，形成焊缝的宽度稍窄，焊缝偏高，熔深要浅些。直线焊接焊枪的运动方向有两种：一种是焊枪自右向左移动，称为左焊法；另一种是焊枪自左向右移动，称为右焊法，如图 5-18 所示。

1）左焊法。电弧的吹力作用在熔池及其前沿处，将熔池金属向前推延，由于电弧不直接作用在母材上，因此熔深较浅，焊道平坦且变宽，飞溅较大，保护效果好。采用左焊法虽然观察熔池困难些，但易于掌握焊接方向，不易焊偏。

2）右焊法。电弧直接作用于母材，熔深较大，焊道窄而高，飞溅略小，但不易掌握焊接方向，容易焊偏，尤其对接焊时更明显。一般 CO_2 焊均采用左焊法，前倾角为 $10° \sim 15°$。

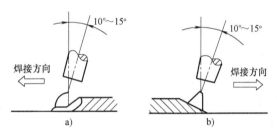

图 5-18　焊枪的运动方向
a）左焊法　b）右焊法

（2）摆动焊接　在半自动 CO_2 焊时，为了获得较宽的焊缝，往往采用横向摆动运丝方式，常用的摆动方式有锯齿形、月牙形、正三角形、斜圆圈形等几种，如图 5-19 所示。横向摆动时应注意以手腕为辅、以手臂操作为主来控制和掌握运丝角度，而且左右摆动的幅度要一样，否则会出现熔深不良等现象。摆动幅度比焊条电弧焊要小些。

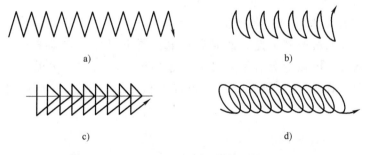

图 5-19　CO_2 半自动焊时焊枪的几种摆动方式
a）锯齿形摆动　b）月牙形摆动　c）正三角形摆动　d）斜圆圈形摆动

摆动焊接时横向摆动运丝的角度、起始端的运丝要领与直线焊接一样。在横向摆动运丝时要注意以下要领的掌握：左右摆动幅度要一致，摆动到焊缝中心时，速度应稍快，而到两侧时，要稍作停顿；摆动的幅度不能过大，否则，熔池温度高的部分不能得到良好的保护。

为了减小热输入，减小热影响区，减小变形，通常不希望采用焊枪的横向摆动来获得宽焊缝，提倡采用多层多道焊来焊接厚板，当坡口小时，如焊接打底焊缝时，可采用锯齿形较小的横向摆动，且在两侧停留 0.5s 左右；当坡口较大时，可采用月牙形横向摆动，在两侧停留 0.5s 左右。

7. 焊道的接头

焊缝连接时接头的好坏直接影响焊缝质量，其接头的连接方法如图 5-20 所示。

（1）直线焊缝连接的方法 在原熔池前方 10~20mm 处引弧，然后迅速将电弧引向原熔池中心，待熔化金属与原熔池边缘吻合后，再将电弧引向前方，使焊丝保持一定的高度和角度，并以稳定的速度向前移动，如图 5-20a 所示。

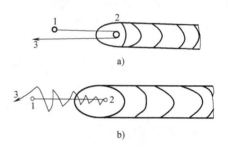

图 5-20　焊缝接头的连接方法

a）直线焊缝连接　b）摆动焊缝连接

（2）摆动焊缝连接的方法 在原熔池前方 10~20mm 处引弧，然后以直线方式将电弧引向接头处，在接头中心开始摆动，并在向前移动的同时，逐渐加大摆幅（保持形成的焊缝与焊缝宽度相同），最后转入正常焊接，如图 5-20b 所示。

8. 焊道的收弧

1）CO_2 气体保护焊在收弧时与焊条电弧焊不同，不能把焊枪抬起，那样会破坏对熔池的保护，容易产生气孔等缺陷。

2）在焊接结束时松开焊枪开关，保持焊枪到焊件的距离不变。一般 CO_2 气体保护焊有弧坑控制电路，此时焊接电流与电弧电压自动变小，待弧坑填满后电弧熄灭。电弧熄灭时不要马上抬起焊枪，因为控制电路会保持延时送气一段时间，保证熔池凝固时得到很好的保护，等到送气结束时，再移开焊枪。

9. 平敷焊的评分标准

半自动 CO_2 焊平敷焊的评分标准见表 5-2。

表 5-2　半自动 CO_2 焊平敷焊的评分标准

序号	项　目	配分	技术标准
1	长度	4	长 280~300mm,每短 5mm 扣 1 分
2	宽度	5	宽 12~16mm,每超 1mm 扣 2 分
3	高度	5	高 1~3mm,每超 1mm 扣 2 分
4	焊缝成形	10	要求波纹细、均匀、光滑
5	平直度	10	要求基本平直、整齐
6	起焊熔合	6	要求起焊饱满、熔合好
7	弧坑	6	一处扣 3 分
8	接头	10	要求不脱节,不凸高,每处接头不良扣 2 分
9	夹渣	10	每点<2mm 夹渣扣 2 分,每处块渣、条渣扣 4 分
10	气孔	6	每个气孔扣 2 分
11	咬边	8	每 5 处扣 1 分
12	电弧擦伤	6	每处电弧擦伤扣 1 分
13	飞溅	4	未清理干净扣 4 分
14	安全文明生产	10	服从劳动管理,穿戴好劳动保护用品,按规定安全技术要求操作

● 项目 3　平角焊 ●

1. 材料准备
焊接试板两块,尺寸 300mm×100mm×12mm,如图 5-21 所示。

2. 平角焊的特点
平角焊是将钢板以 T 形接头（或搭接接头、角接接头）形式在平焊位置焊接,是常见的接头形式和容易焊接的位置,平角焊易产生咬边、未焊透、焊缝下垂等缺陷。为了防止产生这些缺陷,要熟悉 CO_2 气体保护焊设备的使用性能,掌握平角焊相关的知识及施焊方法和技巧,正确选择焊接参数,还要根据板厚和焊脚尺寸来控制焊丝角度。半自动 CO_2 气体保护焊进行平角焊缝焊接时,与焊条电弧焊不同,焊条电弧焊多采用右焊法,而半自动 CO_2 气体保护焊多采用左向焊法。

3. 焊前清理
将焊缝 10~20mm 范围内的油污、铁锈及其他污物打磨干净,直至露出金属光泽。

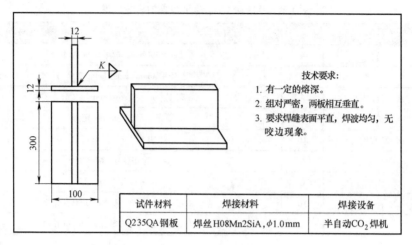

技术要求：
1. 有一定的熔深。
2. 组对严密，两板相互垂直。
3. 要求焊缝表面平直，焊波均匀，无咬边现象。

试件材料	焊接材料	焊接设备
Q235QA钢板	焊丝H08Mn2SiA，ϕ1.0mm	半自动CO_2焊机

图 5-21　平角焊试件

4. 试件装配和定位焊

在底板上划出装配位置线，将立板按线装配，用90°角角尺检查立板与平板的垂直度；两板组对间隙为0~2mm，定位焊缝长10~15mm，焊脚尺寸为6mm，在试件两端各定位焊一处，如图5-22所示。定位焊后要复查板料的位置及垂直度，符合要求后，将试件水平固定，焊接面朝上。试件高度应适合焊工处于蹲位或站位焊接。

5. 确定焊接方案及调整焊接参数

1）采用多层多道焊（三层六道焊），如图5-23所示。

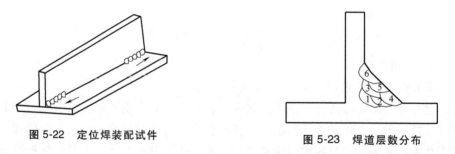

图 5-22　定位焊装配试件

图 5-23　焊道层数分布

2）调整控制面板上的电弧电压、焊接电流、气体流量等焊接参数，见表5-3。

6. 打底层的焊接

采用左向焊，操作时的焊枪角度如图5-24所示。

（1）修剪焊丝　起弧前先用专用尖嘴钳将焊丝端头掐断，使焊丝伸出长度为10~15mm，以保证有良好的引弧条件。

（2）引弧　在试件左端距始焊点15~20mm处，将焊枪喷嘴放在底板上，并对准引弧处，按平敷焊要领引燃电弧，快速移至始焊点。焊丝要对准坡口根部，电弧停留时间要长些，待试件夹角处完全熔化产生熔池后，开始向左焊接。

表 5-3　CO_2 气体保护焊板对板平角焊焊接参数

焊接层次	焊接道次	焊丝直径 /mm	焊接电流 /A	电弧电压 /V	气体流量 /(L／min)	电源极性	焊丝伸出长度/mm
打底层	①	φ1.0	140~160	20~22	15	直流反接	10~15
填充层	②③	φ1.0	140~150	20~22	15	直流反接	10~15
盖面层	④⑤⑥	φ1.0	140~160	20~22	15	直流反接	10~15

（3）焊接　采用斜三角形小幅度摆动法。焊枪在中间位置稍快，两端稍加停留，熔池下缘稍靠前方，保持两侧焊脚熔化一致，防止铁液下坠。保持焊枪正确的角度和合适的焊接速度。如果焊枪对准位置不正确，焊接速度过慢，就会使铁液下淌，造成焊缝下垂、未熔合缺陷；如果焊接速度过快，则会引起焊缝的咬边。

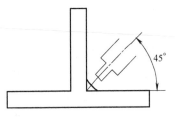

图 5-24　打底焊的焊枪角度

（4）接头　在距接头右侧 10~15mm 处引燃电弧，千万不要形成熔池，快速移至弧坑中间位置，电弧停留时间长一些，待弧坑完全熔化，焊枪再向两侧摆动，放慢焊接速度，焊过弧坑位置后便可恢复正常的焊接。

（5）收弧焊接　收弧时要填满弧坑，防止产生弧坑裂纹、气孔等缺陷。焊接设备一般都有填弧装置，收弧工艺不是太严格。

7. 填充层的焊接

1）焊前先将打底层焊缝周围的飞溅和不平的地方修平。

2）填充层采用一层两道焊，用左焊法、直线形运条方式。焊枪的角度如图 5-25 所示。

① 第一道先焊靠近底板的焊道，焊丝要对准打底层焊缝下部，保证电弧在打底焊道和底板夹角处燃烧，防止未熔合产生。焊枪与底板母材夹角为 50°~60°，如图 5-25a 所示。焊接过程中，焊接速度要均匀，注意角焊缝下边熔合一致，保证焊缝焊直不跑偏。

② 填充第二道时焊缝熔池下边缘要压住前一焊道的 1/2，上边缘要均匀熔化侧板母材，保证焊直不咬边。焊枪角度如图 5-25b 所示。

8. 盖面层的焊接

1）焊前先将填充层焊缝周围的飞溅和不平的地方修平。采用左焊法，一层三道焊接。

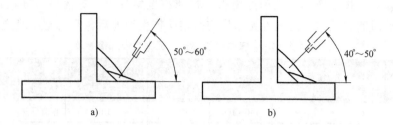

图 5-25　填充层焊枪角度

a）第一道焊缝焊枪角度　b）第二道焊缝焊枪角度

2）同填充焊一样，盖面层第一道焊缝先焊靠近底板的焊道，焊枪与底板母材角度与填充层第一道焊缝相同。

3）焊接盖面层第二道时，采用小幅度摆动焊接，焊接速度放慢一些。焊枪摆动到下部时，焊缝熔池要稍靠前方，熔池下沿要压住前一道焊道的 2/3。摆动到上部时，焊丝要指向焊缝夹角，使焊接电弧在夹角处燃烧，保证夹角部位熔合良好，不产生较深的死角。焊枪角度同打底焊。

4）焊接盖面层第三道时，采用直线摆动法焊接。焊枪角度同填充焊的第二道焊缝。

5）用同样的方法焊接另一侧焊缝。

9. 平角焊的评分标准（见表 5-4）

表 5-4　平角焊的评分标准

序号	考核内容	考核要点	配分	评分标准
1	焊前准备	劳动保护着装及工具准备齐全，焊接参数设置及设备调试正确	5	工具及劳动保护着装不符合要求,焊接参数设置及设备调试不正确,有一项扣一分
2	焊接操作	试件空间位置符合要求	10	试件空间位置超出规定范围扣 10 分
3	焊缝外观	焊缝表面不允许有焊瘤、气孔、夹渣等缺陷	10	出现任何一项缺陷，该项不得分
		焊缝咬边深度 ≤0.5mm，两侧咬边累计长度不超过焊缝有效长度的 15%	10	1. 咬边深度 ≤0.5mm 时，每 5mm 扣 1 分，累计长度超过焊缝有效长度的 15% 时，扣 10 分 2. 咬边深度 >0.5mm 时扣 10 分
		焊缝凸凹度差 ≤1.5mm	10	1. 凸凹度差 >1.5mm 扣 10 分 2. 凸凹度差 ≤1.5mm 不扣分
		焊脚尺寸 $K=12\pm(1\sim2)$ mm	15	每超标一 1 处扣 5 分
		两板间夹角为 90°±2°	5	超标扣 5 分
		根部熔深 ≥0.5mm	10	根部熔深 <0.5mm 时扣 10 分

（续）

序号	考核内容	考核要点	配分	评分标准
4	外观检验	条状缺陷	10	1. 最大尺寸≤1.5mm，且数量不多于1个时，不扣分 2. 最大尺寸>1.5mm，且数量多于1个时，扣10分
		点状缺陷	10	1. 点数≤6个时，每个扣1分 2. 点数>6个时，扣10分
5	其他	安全文明生产	5	设备复位，工具摆放整齐，清理试件，打扫场地，关闭电源，每有一处不符合要求扣1分

● 项目 4　立角焊 ●

1. 材料准备

焊接试板两块，尺寸为 300mm×100mm×12mm，如图 5-26 所示。

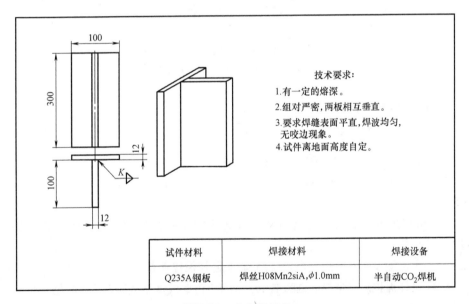

技术要求：
1. 有一定的熔深。
2. 组对严密，两板相互垂直。
3. 要求焊缝表面平直，焊波均匀，无咬边现象。
4. 试件离地面高度自定。

试件材料	焊接材料	焊接设备
Q235A钢板	焊丝H08Mn2siA，ϕ1.0mm	半自动CO_2焊机

图 5-26　立角焊试件

2. 立角焊的特点

立角焊是指 T 形接头角焊缝，其空间位置处于立焊部位，焊接熔池受重力影响，铁液易下淌，从而易形成焊瘤、咬边等焊接缺陷，焊缝成形差。CO_2 气体保护焊平板立角焊有立向上焊和立向下焊两种方法。立向下焊具有焊缝成形美观、熔深较浅的特点，适用于厚度小于6mm的焊件焊接。而对于厚度较大的焊件，由于立向下焊时的熔深太浅，无法保证焊件焊透，应采用立向上焊。

3. 焊前准备

将试板上焊接坡口边缘10~20mm范围内的油污、铁锈及其他污物用角向磨光机打磨干净，直至露出金属光泽。打磨时角向磨光机与焊件间的夹角为20°~30°，如图5-27所示。

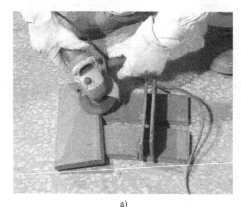
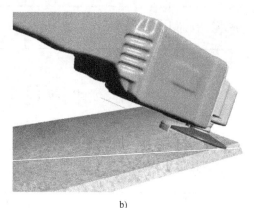

a)   b)

图5-27　清理两试板的焊接坡口位置

a）角砂轮修磨　b）角向磨光机打磨

4. 试件装配和定位焊

试件的组对间隙为0~2mm，定位焊缝长10~15mm，在试件两端各定位焊一处。

5. 装夹试件、检查焊枪、调整焊接参数

1）检查试件的装配情况，符合要求后将试件垂直装夹在焊接架上，如图5-28所示。

2）检查焊枪喷嘴内壁是否清洁，有无污物，并在喷嘴内涂防喷溅剂，如图5-29所示。

3）调整电弧电压、焊接电流、气体流量等焊接参数。

CO_2气体保护焊立角焊的电弧电压、焊接电流、气体流量等焊接参数见表5-5。

6. 打底层的焊接

1）引弧　采用立向上焊，焊枪放在试件下端距始焊点15~20mm处，与两侧焊件夹角为45°，与焊缝夹角为70°~80°，如图5-30、图5-31所示。用手勾住焊枪开关，使保护气体喷出，焊丝向下移动，焊丝接触焊件引燃电弧，此时焊枪有自动回顶现象，稍用力拖住焊枪，然后快速移至焊点。焊丝要对准根部，电弧停

留时间要长些，待根部全部熔化产生熔池后，开始向上焊接。

图 5-28　立角焊的装配

图 5-29　涂防喷溅剂

表 5-5　CO_2 气体保护焊立角焊的焊接参数

焊接层次 （三层三道）	焊接 道次	焊丝直径 /mm	焊接电流 /A	电弧电压 /V	气体流量 /（L/min）	焊接速度 /（cm/s）	焊丝伸出 长度/mm
打底层	①	$\phi1.0$	120~140	20~22	15~20	0.5~0.8	10~15
填充层	②	$\phi1.0$	120~140	20~22	15~20	0.4~0.6	10~15
盖面层	③	$\phi1.0$	120~140	20~22	15~20	0.4~0.6	10~15

2）焊接　焊枪采用三角形或锯齿形摆动法运行，如图 5-32 所示。焊枪摆动要一致，移动速度要均匀，同时保证焊枪的角度。为避免铁液下淌和咬边，焊枪在中间位置应稍快，在两端焊脚处要稍加停留。焊接过程中，焊枪作三角形或锯齿形摆动时，焊丝端头要始终对准顶角和两侧焊脚，以获得较大的熔深。

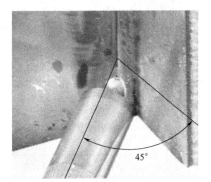

图 5-30　焊枪与焊件夹角

3）接头　在距弧坑上方 15~20mm 处引燃电弧，不要形成熔池，将电弧快速移到原焊道的弧坑中心，让电弧停留时间稍长一些。待弧坑完全熔化后，焊枪再向两侧缓慢摆动，焊过弧坑位置后，便可正常焊接。

4）收弧　要填满弧坑，防止产生弧坑裂纹、气孔等缺陷。收弧后焊枪不能立即抬起，要有一段延时送气时间。

7. 填充层的焊接

焊前先将打底层焊缝周围的飞溅和不平的地方修平，采用锯齿形摆动法焊接，焊枪角度和焊接方向与打底焊相同。焊丝端头要随着焊枪摆动对准打底层焊缝和焊脚部位，保证层间熔合。焊枪喷嘴高度应保持一致，速度均匀上升。

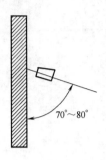

图 5-31　打底焊焊枪与焊缝夹角

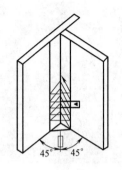

图 5-32　焊枪的摆动方式

8. 盖面层的焊接

1）焊接方法与填充层相同，焊枪摆动比填充层要宽一些，注意观察焊脚尺寸，两侧熔化要一致，焊接中间位置时要稍快些，避免熔池铁液下坠，同时两侧不能咬边，中间也不能焊得过高。

2）用同样的方法焊接另一侧焊缝。

9. 对试板立角焊的要求

试板焊接后要保持原始状态，清除飞溅物时不得伤及表面焊缝。表面焊缝的焊脚尺寸应控制在 12mm 左右，呈等腰三角形，焊缝表面不得有气孔、裂纹、未熔合、焊瘤等缺陷。具体评分标准见表 5-6。

表 5-6　CO_2 气体保护焊立角焊的评分标准

序号	考核内容	考核要点	配分	评分标准
1	焊前准备	劳动保护着装及工具准备齐全，焊接参数设置及设备调试正确	5	工具及劳动保护着装不符合要求，焊接参数设置及设备调试不正确，有一项扣 1 分
2	焊接操作	试件空间位置符合要求	10	试件空间位置超出规定范围扣 10 分
3	焊缝外观	焊缝表面不允许有焊瘤、气孔、烧穿、夹渣等缺陷	10	出现任何一项缺陷，该项不得分
		焊缝咬边深度 ≤0.5mm，两侧咬边累计长度不超过焊缝有效长度的 15%	10	1. 咬边深度 ≤0.5mm 时，每 5mm 扣 1 分，累计长度超过焊缝有效长度的 15% 时，扣 10 分 2. 咬边深度 >0.5mm 时扣 10 分
		焊缝凸凹度差 ≤1.5mm	10	1. 凸凹度差 >1.5mm 扣 10 分 2. 凸凹度差 ≤1.5mm 不扣分
		焊脚尺寸 $K=12\pm(1\sim2)$ mm	15	每超标一处扣 5 分
		两板间夹角为 $90°\pm2°$	5	超标扣 5 分

（续）

序号	考核内容	考核要点	配分	评分标准
4	宏观金相检验	根部熔深≥0.5mm	10	根部熔深<0.5mm 时扣 10 分
		条状缺陷	10	最大尺寸≤1.5mm,且数量不多于 1 个时,不扣分 最大尺寸>1.5mm,且数量多于 1 个时,扣 10 分
		点状缺陷	10	点数≤6 个时,每个扣 1 分 点数>6 个时,扣 10 分
5	其他	安全文明生产	5	设备复位,工具摆放整齐,清理试件,打扫场地,关闭电源,每有一处不符合要求扣 1 分

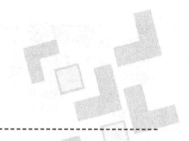

模块6

埋 弧 焊

阐述说明

　　利用电弧为热源，焊接时电弧埋在焊剂层下燃烧，送入电弧的焊丝与母材被电弧热熔化形成熔池，冷却后凝固成焊缝。埋弧焊具有生产率高、焊接质量稳定、劳动强度低、无弧光刺激、有害气体和烟尘少、节约材料等优点。因此，埋弧焊在造船、锅炉、压力容器、大型金属结构、桥梁和工程机械等产品的制造中应用较广泛。

● 项目1　埋弧焊基本知识 ●

1. 埋弧焊的定义

　　埋弧焊是电弧在焊剂层下燃烧进行焊接的一种机械化的焊接方法。在焊接的过程中电弧光不外露，埋弧焊因此得名。

2. 埋弧焊的过程

　　将电源的正负极分别接在导电嘴和焊件上，焊丝通过导电嘴与焊件接触，在焊丝上部埋好颗粒状焊剂，然后起动电源，电流经过导电嘴、焊丝、焊件后构成焊接回路。机械装置自动完成电弧的引燃、焊丝送进、电弧沿焊接方向移动，焊接过程如图6-1所示。具体过程分解如下：

　　过程Ⅰ：当焊丝和焊件之间引燃电弧后，电弧的热量使周围的焊剂熔化形成熔渣，一部分焊剂蒸发成气体，气体排开熔渣形成一个气泡，电弧在气泡中燃烧。

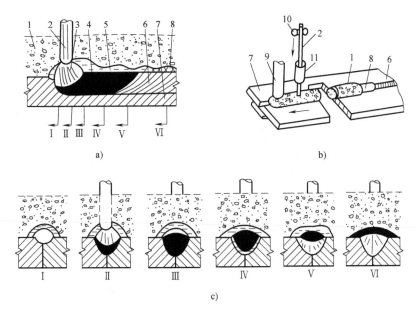

图 6-1　埋弧焊的焊接过程

a）焊接过程　b）焊缝纵向剖面　c）焊缝横向剖面

1—焊剂　2—焊丝　3—电弧　4—金属熔池　5—熔渣　6—焊缝

7—焊件　8—渣壳　9—焊剂漏斗　10—送丝滚轮　11—导电嘴

过程Ⅱ：焊丝被连续送入电弧并熔化，与熔化的母材混合形成金属熔池。

过程Ⅲ：熔池上覆盖着一层液体熔渣，熔渣的外层是未熔化的焊剂，它们一起保护熔池，使熔池与周围的空气隔离，并使电弧光不外露。

过程Ⅳ：电弧沿焊缝方向前移时，电弧力将熔池中的液态金属（熔渣较轻浮在熔池的上方），排向后方。

过程Ⅴ：熔渣（渣壳）比液态金属凝固迟一些，这样熔池中的熔渣、液态金属中的气体能够不断地逸出，避免焊缝产生气孔和夹渣等缺陷。

过程Ⅵ：熔渣覆盖在焊缝的表面。熔池前方的金属被电弧热熔化，形成新的熔池。电弧连续移动，熔池金属冷却凝固后形成焊缝。完成整条焊缝的焊接。

3. 埋弧焊的特点

1）电弧及熔池被埋在颗粒状焊剂之下，保护效果好（焊缝缺陷少）；效率比焊条电弧焊高。焊工只是操作焊机，对焊工的操作技能要求不高；无弧光辐射，劳动强度低。

2）只用于平焊位置的长直焊缝的焊接，其他位置要采取措施保证焊剂能覆盖焊接区（如两筒体对接的外环缝，则需要转动转罐机缓慢转动筒体，使焊剂填满焊缝待焊位置的最高处，焊接筒体里口时焊剂在圆筒的最低处）。焊件对接时

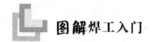

无错边，接口的间隙均匀。

3）不适合焊接薄板（无法埋焊剂），不适合焊接短焊缝（受焊接小车和轨道的限制）。

4. 相关知识

埋弧焊机是埋弧焊的基本设备，它既为焊接供给电源，又能引弧和维持电弧，还能自动送进焊丝、供给焊剂，还能沿焊件接缝自动行走，完成焊接过程。

常用的 MZ—1000 型埋弧焊机主要由 MZT—1000 型自动焊接小车和 MZP—1000 型控制箱及 BX2—1000 型焊接变压器三部分组成。相互之间由电缆线和控制线连接在一起，焊机的工作情况如图 6-2 所示。

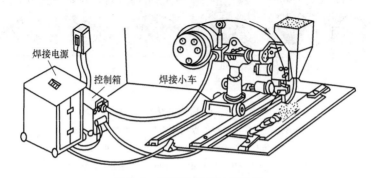

图 6-2　埋弧焊机的工作情况

MZ—1000 型埋弧焊机的送丝方式属于均匀调节式。适用的焊丝直径为 3~6mm，送丝速度可在 8~34mm/s 范围内调节，焊接速度可在 4~25mm/s 范围内调节，焊接电流范围为 400~1200A。它适用于焊接水平位置或与水平位置倾斜 15°的各种有坡口、无坡口的对接、搭接和角接焊缝。并可借助转罐机转动筒体，对圆筒形焊件的内外环形焊缝、内外纵缝进行焊接。

MZT—1000 型自动焊接小车由机头、控制盘、焊丝盘、焊剂漏斗和台车五部分组成，如图 6-3 所示。机头上包括焊丝输送机构、焊丝矫正机构、导电机构和调整机构等。

焊丝输送机构是保证焊接时焊丝均匀送给的装置，它通过直流电动机 26，经减速箱内的蜗轮蜗杆减速后，带动送丝滚轮 22 转动。装在杠杆 10 一端的压紧轮 12，当来自焊丝盘 5 的焊丝压紧在送丝滚轮上时，将焊丝送进。调节螺母 24 可以改变弹簧 25 的压紧程度，以调整对焊丝的压紧力。滚轮 13 和 21 与送丝滚轮 22 相配合可以将焊丝矫直，调整螺钉 23 可以移动滚轮 13 的位置，以调节矫直的程度。焊丝矫直后的弯曲度在 200mm 以内应不大于 2.5mm。

导电嘴 17 安装在伸缩臂 16 下端，其高度可通过手轮 9 在 85mm 范围内上下调节。供电机构包括可动与不可动的两块导电衬套，导电衬套装在导电嘴内，可动衬套由弹簧压紧在不可动衬套上。衬套的内径可根据焊丝直径更换，用螺母 18 可以调节压紧力。焊接电缆用螺钉 20 接到不可动导电衬套上。

焊剂斗 11 经过软管 15，将焊剂送到导电机构上装的漏斗中，使焊剂撒布在焊丝周围，并堆积到适当的厚度。在焊剂漏斗上装有焊接方向指示针 19。焊剂斗中可装 12kg 焊剂，其下部的阀门 14 可以控制焊剂的输送流量。

转动手柄 8，可以使机头在垂直于焊缝的平面内转动，最大转角为 45°。

控制盘 4 和焊丝盘 5 装在横臂 7 的另一端。控制盘上装有焊接电流表和电压表。旋钮 1 调节电弧电压，旋钮 30 调节焊接速度。一对按钮 32 调节焊接电流的大小。2 为起动按钮，3 为停止按钮。空载时调节焊丝上、下用按钮 37。开关 36 控制台车行走方向。松动手柄 6 可使机头、控制盘和焊丝盘绕横梁转动 ±45°。松开手轮 31，可使立柱 29 绕套筒 28 转动 ±90°。转动手轮 27，可使柱身横向移动 ±30 mm。

台车由直流电动机 34 通过减速机和离合器驱动，其速度可在 4.2～28mm/s 范围内均匀调节。用手柄 35 脱口离合器后，台车可以轻便推动。

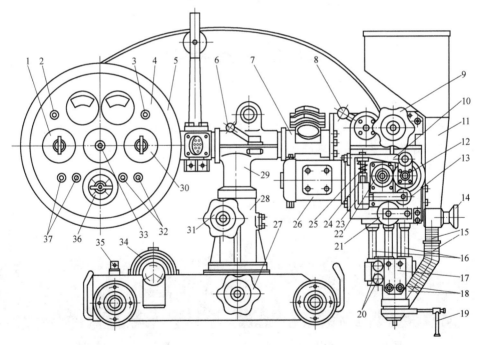

图 6-3 MZT—1000 型自动焊接小车

1—调电压旋钮 2—起动按钮 3—停止按钮 4—控制盘 5—焊丝盘 6—手柄 7—横臂 8—手柄
9—手轮 10—杠杆 11—焊剂斗 12—压紧轮 13、21—滚轮 14—阀门 15—软管 16—伸缩臂
17—导电嘴 18—螺母 19—指示针 20—螺钉 22—送丝滚轮 23—调节螺钉 24—调节螺母
25—弹簧 26—直流电动机 27—手柄 28—套筒 29—立柱 30—旋钮 31—手轮 32—调节电流按钮
33—选择轴紧固螺母 34—直流电动机 35—手柄 36—开关 37—按钮

MZT—1000 型自动焊接小车各个方向的调节范围如图 6-4 所示。

MZT—1000 型自动焊接小车的实物如图 6-5 所示。

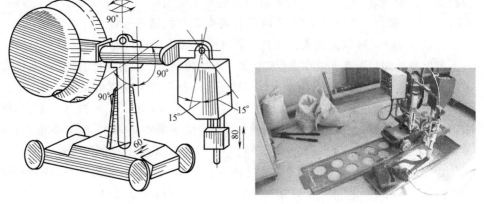

图 6-4　MZT—1000 型自动焊接小车的调节范围　图 6-5　MZT—1000 型自动焊接小车

● 项目 2　对接环缝焊接 ●

1. 转罐机

采用埋弧焊可完成钢板与钢板对接、大型筒体的内外环缝、内外纵缝的焊接。筒体焊接时要放置在转罐机上，小型转罐机如图 6-6 所示，大型转罐机如图 6-7 所示。

图 6-6　小型转罐机　　　　　　　　图 6-7　大型转罐机

焊接时，先将筒体放置在转罐机上，用焊接筒体的纵缝及内外环缝，如图 6-8 所示。

焊工利用举升架到达容器的上方，用埋弧焊对筒体与半球形封头的外环缝进行焊接。筒体的直径较大，焊接过程中筒体在转罐机上缓慢旋转，环缝位置发生改变，而电弧、焊丝、焊剂则始终在焊缝最上方的位置。筒体旋转一周后，完成打底层外环缝的焊接，如图6-9所示。

图6-8　将筒体放置在转罐机上焊接环缝　　图6-9　焊接筒体与半球形封头的外环缝

2. 焊接筒体环缝

（1）预热　大型压力容器的筒体多为复合钢板（外层碳钢、内层不锈钢），采用埋弧焊。按工艺要求需要预热，此时在筒体的下部放置环形喷嘴，对焊缝的下部加热，将筒体缓慢旋转到上方后进行焊接。另外，对焊接后的焊缝用火焰加热，还能起到消除焊接应力的作用，如图6-10所示。

（2）焊接

1）开动举升架（上部有工作台，台的四周有护栏）至筒体的上方，将焊接所需的材料（如电缆线、料剂斗、焊丝盘）放置到举升架的工作台内，操作者首先调整好焊机的各参数、转罐机的转速、送丝速度、焊剂的输送流量，然后坐在工作台内，对筒体环缝上部进行焊接，如图6-11所示。

图6-10　用火焰预热筒体的下部环缝　　　　图6-11　焊接环缝

2）埋弧焊的电弧在焊剂层下燃烧，生产率高，无弧光刺激，质量稳定。焊工要观察前边焊丝的送丝速度、后边焊剂的铺撒速度及所铺厚度，如图6-12所示。

3）筒体在焊接过程中缓慢转动，送丝和铺撒焊剂的位置应始终在最上部一段环缝，对焊完的环缝，焊工要用钩子将渣壳钩出，如图6-13所示。

图 6-12　观察环缝的焊接情况

图 6-13　清除焊缝的渣壳

• 项目3　对接直缝焊接 •

1）准备两张厚钢板，首先将每块钢板长度方向的一端预弯（采用油压机压弯，俗称"打头"），如图 6-14 所示。

2）两张钢板长度方向的另一端加工成坡口，组对检测后，铺设焊接轨道，准备用埋弧焊焊接，如图 6-15 所示。

图 6-14　预弯钢板的两端

图 6-15　组对接头准备焊接

3）在焊接坡口位置铺撒焊剂，焊剂的厚度应达到要求，如图 6-16 所示。

4）调整焊接参数，让焊接小车沿轨道行走，对钢板接头的上部焊缝进行埋弧焊，如图 6-17 所示。

图 6-16　在坡口内铺撒焊剂

图 6-17　对钢板的接头进行埋弧焊

5）根据焊接工艺要求，对焊缝的下部进行加热，这样既起到对焊缝预热的作用，又能使焊接后的焊缝消除应力，如图 6-18 所示。

图 6-18　对焊缝预热及消除焊接应力

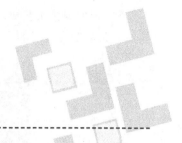

模块7

电 阻 焊

阐述说明

　　电阻焊是焊件组合后通过电极施加压力，利用电流通过接头的接触面及邻近区域产生的电阻热进行焊接的方法。电阻焊的应用范围很广，在汽车及飞机制造业中尤为广泛，如空客A350、波音737上都有几百万个焊点和长达几百米的焊缝。因此，电阻焊是焊接的重要方法之一。电阻焊按工艺方法不同可以分为点焊、缝焊和对焊，如图7-1所示。此处只介绍点焊的基本操作。

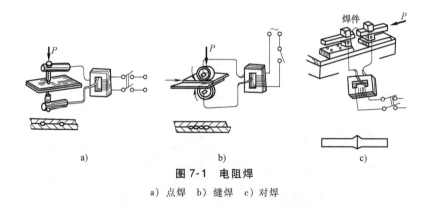

a)　　　　　　　　　　　b)　　　　　　　　　　c)

图 7-1　电阻焊

a）点焊　b）缝焊　c）对焊

● 项目　点焊的基本操作 ●

1. 点焊的定义

点焊是将焊件装配成搭接接头，并压紧在两电极之间，利用电阻热熔化母材金属，形成焊点的电阻焊方法。点焊常用于薄板的连接，如飞机蒙皮、汽车外壳、油箱等的连接。

2. 点焊机

DN—16 型点焊机外观如图 7-2 所示，其结构如图 7-3 所示。它是由机身、焊接变压器、压力传动装置、气路系统、上电极部分、下电极部分、水路系统及脚踏开关等组成的。

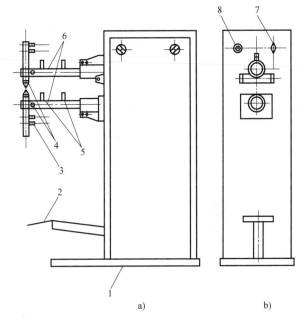

图 7-2　DN—16 型点焊机

图 7-3　DN—16 型点焊机的结构

a）主视图　b）左视图

1—机头　2—脚踏板　3、5—水嘴　4—电极
6—电极臂　7—电源指示　8—调节开关

　　DN—16 型点焊机的电气原理图如图 7-4 所示。踩下脚踏开关 S，接触器接通形成闭合回路，一次线圈上加载一次电压、二次线圈按匝数比获得二次电压，从而形成闭合回路，面板上的电源指示灯亮（RD），接触器接通，此时电压加载到上下电极上，电流通过电极及焊件的接触处产生电阻热，对焊件进行点焊。双面单点焊的工作原理如图 7-5 所示。

　　点焊机的电极臂和上下电极如图 7-6 所示。电极用于向焊接区传导电流，传递压力以及导散焊件表面的热量。电极安装在电极座内，电极端部与槽底间有间隙 A，这是为了保证电极与底座紧密配合所必须的，如图 7-7 所示。安装固定电极时，要注意使上、下电极表面保持平行。否则，易引起熔化金属的飞溅而形成焊点内部缩孔或焊点形状不规则的缺陷。拆卸电极时，禁止敲击，只允许用专用工具将电极旋出，以防损坏锥面。

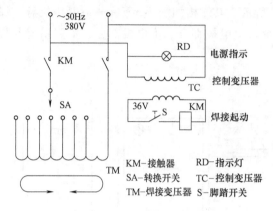

图 7-4　DN—16 型点焊机电器原理图

KM-接触器　　RD-指示灯
SA-转换开关　　TC-控制变压器
TM-焊接变压器　S-脚踏开关

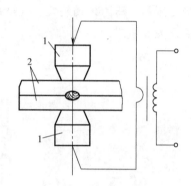

图 7-5　双面单点焊

1—电极　2—焊件

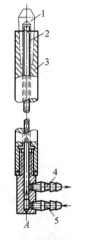

图 7-6　电极臂及电极

1—电极　2—水管　3—电极座
4—出水口接头　5—进水口接头

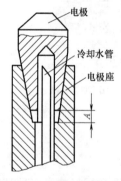

图 7-7　电极的安装固定

　　焊接过程中，为了使焊接变压器二次线圈、上下电极压块、上下电极臂及电极降温，需要通入冷却水。尤其是电极的冷却是很重要的。因此电极的内部采用水冷装置，这样能保持其散热条件良好，延长电极的使用寿命，获得优良的焊接质量，如图 7-8 所示。

3. 点焊过程

1）先接通冷却水，再接通电源、准备焊接。使用前先调节电极杆的位置，使电极刚好压住焊件，电极臂保持相互平行。通电后电源指示灯应亮，电流调节开关的级数应根据钢板的厚度选择。

2）焊前需清除焊件上的一切脏物、油污、氧化皮及铁锈，对于热轧钢，最好把焊接处先经过酸洗、喷砂或用砂轮清除氧化皮（未经清理的焊件虽能进行点焊，但是会严重地降低电极的使用寿命，降低点

图 7-8　电极的水冷装置

焊的生产效率和质量）。然后将两薄板接头按要求搭接，踩下踏板，使电极与板料接触，如图 7-9 所示。

3）上电极与焊件接触并施压，继续压下脚踏开关，电源触头开关接通，于是变压器开始工作，二次回路使焊件加热，当焊接一定时间后松开脚踏板时，电极上升，借弹簧拉力恢复原状，单点焊接过程即结束，如图 7-10 所示。

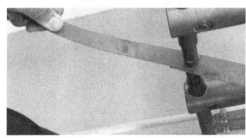

图 7-9　踩下踏板使电极与板料接触

图 7-10　焊接一定时间后松开脚踏板

4）为了保证接头具有足够的抗拉强度，在搭接接头上至少要焊 3 处（3 个以上熔核），如图 7-11 所示。

4. 点焊质量的检验

目前尚缺乏简单而又可靠的无损检测方法，只能靠工艺试样和工件破坏性试验来检查。

（1）外观检查　检查焊点的表面形状、表面飞溅及压坑深度等。凡焊点表面压坑大小及深度正常、平滑、均匀过渡，说明焊点优良。若焊点表面发暗，

图 7-11　多焊几点保证抗拉强度

则说明焊接电流太大或通电时间过长。

（2）撕破试验　将点焊的试件在钳口上夹住，用錾子或其他楔形工具将它劈开，或者弯折起来用专用扳手撕破，如图 7-12 所示。如果撕破后留下的焊合部分的焊点面积很小或焊点全部脱开，而且焊点直径较小，则说明焊接接头强度不够或者未焊透，若撕破的各焊点直径大小不一，说明焊接参数不稳定（焊接电流、电极压力、通电时间等）。

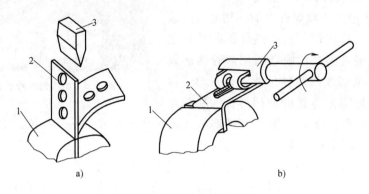

图 7-12　点焊件的撕破试验

a）錾子撕破　b）专用扳手撕破

1—台虎钳　2—工件　3—錾子、专用扳手

模块8

综 合 实 训

阐述说明

　　运用焊条电弧焊、氩弧焊、二氧化碳气体保护焊进行焊接试件的综合练习,焊接后要按要求对焊缝进行射线检测,确定焊缝的质量等级。这是工厂实际生产中经常采用的几种焊接方法。综合练习可以检验操作者对各种焊接方法的掌握程度,以便在实际生产过程中,针对不同的焊件的各种装配位置,采用适当的方法进行焊接。

● 项目　微型压力容器的焊接 ●

1. 分析图样,研究装配及焊接要点

　　(1) 分析总图　小型容器总高为490mm,它是由管接头、椭圆封头、圆锥管、钢管、肋板、立板、底板所组成,图样中标注了各种技术要求,如图8-1所示。

　　(2) 图样分析　参照图样下部的技术要求及明细表分析视图,以便了解使用的工具、设备、加工、装配及焊接顺序等。查看微型压力容器的图样,它由三个基本视图表达,分别为主视图、俯视图、左视图。

　　1) 主视图分析

　　① 主视图上高度方向的尺寸基准为底板,所有的尺寸线均以底板为基准标出。共标出容器零件的10个序号,序号1为管接头,序号10为底板,接头顶部与底板之间的总高为490mm。

　　② 序号2为椭圆封头,看明细表可知其规格为 $R38mm \times R19mm \times 3.5mm$(封

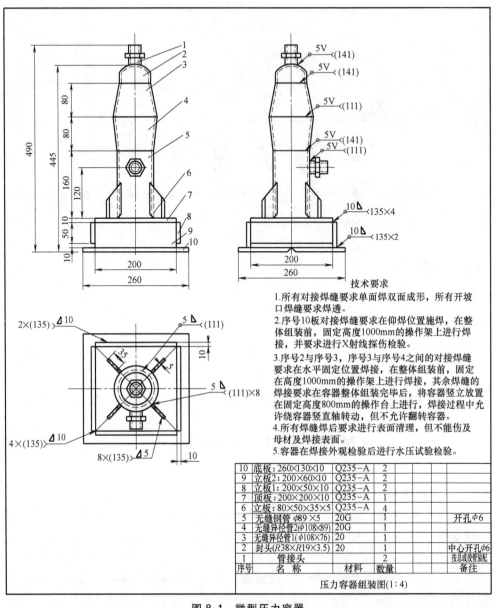

技术要求
1.所有对接焊缝要求单面焊双面成形，所有开坡口焊缝要求焊透。
2.序号10板对接焊缝要求在仰焊位置施焊，在整体组装前，固定高度1000mm的操作架上进行焊接，并要求进行X射线探伤检验。
3.序号2与序号3，序号3与序号4之间的对接焊缝要求在水平固定位置焊接，在整体组装前，固定在高度1000mm的操作架上进行焊接，其余焊缝的焊接要求在容器整体组装完毕后，将容器竖立放置在固定高度800mm的操作台上进行，焊接过程中允许绕容器竖直轴转动，但不允许翻转容器。
4.所有焊缝焊后要求进行表面清理，但不能伤及母材及焊接表面。
5.容器在焊接外观检验后进行水压试验检验。

10	底板：260×130×10	Q235—A	2		
9	立板2：200×60×10	Q235—A	2		
8	立板1：200×50×10	Q235—A	2		
7	顶板：200×200×10	Q235—A	1		
6	立板：80×50×35×5	Q235—A	4		
5	无缝钢管 φ89×5	20G	1		开孔φ6
4	无缝异径管2(φ108×89)	20G	1		
3	无缝异径管1(φ108×76)	20	1		
2	封头(R38×R19×3.5)	20	1		中心开孔φ6
1	管接头		2		按总成散件装配
序号	名 称	材料	数量		备注
压力容器组装图(1:4)					

图 8-1 微型压力容器

头的外径为 φ76mm、封头的圆弧半径为 R19mm、封头的壁厚为 3.5mm，材料为 20 钢，数量 1 个），封头顶部的中心开孔（φ6mm），封头的顶部与底板之间高度为 445mm。

③ 序号 3 为无缝异径管 1（圆台管规格 φ108mm×76mm，修磨余量后，圆台大径 φ108mm、圆台小径 φ76mm，与封头相对接），异径管高度 80mm。

④ 序号 4 为无缝异径管 2（圆台管、规格 $\phi108mm×89mm$，修磨余量后，圆台大径 $\phi108$ mm 与序号 3 的大径对接。圆台的小径 $\phi89$ mm 与下面的无缝钢管相对接）。异径管高度为 80mm。

⑤ 序号 5 为无缝钢管，规格为 $\phi89mm×5mm$，管子的外径 89mm，壁厚 5mm，管子的一端与序号 4 的小径对接。管子的高度为 160mm。

⑥ 序号 6 为立板（加固圆管的肋板），材料为 Q235A，共有 4 块。规格为 80mm×50mm×35mm×5mm，即把一块 80mm×50mm×5mm 的长方形板料，在一长边量取 45mm 切掉（去掉的直角三角形，其两直角边为 50mm×45mm），得到一块直角梯形，将直角梯形的根部再切掉一个等腰直角三角形（直角边长为 15mm），就会得到符合图样要求的立板。

⑦ 序号 7 为顶板，材料为 Q235A，数量 1 块。顶板上部与序号 5、6 相连接，其下部与立板相连接。顶板规格为 200mm×200mm×10mm，即顶板为厚 10mm、长与宽的尺寸均为 200mm。

⑧ 序号 8 为立板 1（左右各一块），材料为 Q235A，数量 2 块。立板上部与顶板的下表面连接，立板下部未与底板连接，留有 10mm 的间隙，用于射线检测。立板规格为 200mm×50mm×10mm，即立板为长 200mm、宽 50mm、厚 10mm 的长方形。

⑨ 序号 9 为立板 2（前后各一块），材料为 Q235A，数量 2 块。这两块立板的上、下、左、右分别与顶板、底板、侧面两立板相连。立板规格为 200mm×60mm×10mm。

⑩ 序号 10 为底板，材料为 Q235A，数量 2 块。规格为 260mm×130mm×10mm。要求将这两块底板对接成正方形板，在仰焊位置对接，要求为单面焊双面成形，焊缝要求焊透。对接后规格为 260mm×260mm×10mm。

2）俯视图分析

① 底板由前后相同的两块钢板拼接，拼接在中间位置（可以看到底板的焊缝）。

② 依据图样及焊缝符号的含义，前后两块板与盖板的连接是角焊缝，这两条焊缝采用二氧化碳气体保护焊，完成焊接后，焊脚尺寸为 10mm。

③ 依据图样及焊缝符号的含义，前、后、左、右四块板处于角接的位置，这四处的立角焊用二氧化碳气体保护焊完成，焊缝焊脚尺寸为 10mm。

④ 立板既与盖板接触，又与圆管接触。四块立板处于正方形盖板的对角线上。

立板与盖板的接触长度为 35mm，在接触处的两面进行焊接，焊脚尺寸为 5mm,；每块立板焊接两条角焊缝，四块立板就有 8 条角焊缝。

立板与圆管接触后，两者的位置关系为角焊缝，采用焊条电弧焊。每块立板接触处双面焊接，共有 8 条角焊缝，完成焊接后，焊脚尺寸为 10mm。

⑤ 圆管与盖板组对后，两者关系处于角焊位置（见图 8-1 俯视图的虚线位置），依据图样要求和焊缝符号的含义，采用氩弧焊，完成焊接后，焊脚尺寸为 6mm。

3）左视图分析

① 从左视图的上部向下逐个零件进行分析，管接头与封头对接，即序号 1 与序号 2 采用氩弧焊，在平焊位置完成环缝焊接，焊脚尺寸为 5mm。

② 封头与无缝异型管 1 的小径对接，即序号 2 与序号 3 之间的环缝采用氩弧焊，在横焊位置完成焊接，焊脚尺寸为 5mm。

③ 无缝异型管 1 的大径与无缝异型管 2 对接，即序号 3 与序号 4 之间的环缝采用焊条电弧焊，在横焊位置完成焊接，焊脚尺寸为 5mm。

④ 无缝异型管 2 与无缝钢管对接，即序号 4 与序号 5 之间的环缝采用氩弧焊，在横焊位置完成焊接，焊脚尺寸为 5mm。

⑤ 无缝钢管（序号 5）上焊接管接头，结合主视图进行分析，无缝钢管竖直坐在盖板上，无缝钢管的总高度为 160mm，管接头在正垂线位置，与钢管的轴心垂直相交，高度 120 mm。管接头与钢管之间的角焊缝采用焊条电弧焊，在立焊位置完成环缝焊接，焊脚尺寸为 5mm。

⑥ 立板与钢管接触处的高度为 80 mm，立板与盖板接触处的高度为 35mm。

⑦ 前后两块立板的上部与盖板，即序号 9 与序号 7 之间采用二氧化碳气体保护焊，焊脚尺寸为 10mm。

前后两块立板的下部与底板，即序号 9 与序号 10 之间采用二氧化碳气体保护焊，焊脚尺寸为 10mm。

⑧ 底板由两块钢板对接，对接的钢板需要开坡口，采用焊条电弧焊，在仰焊位置完成焊接。

2. 逐个分析零件图样，确定加工及装配方法

1）序号 1 管接头为标准件，数量为两个，一个位置在封头的上部（铅垂线位置），一个位置在钢管的中上部（正垂线位置），根据总成胶管的直径配作（外购成品）。在组焊时，按图样要求的焊接位置及方法（封头上部的管接头环缝采用氩弧焊，钢管中上部的管接头采用焊条电弧焊），按图样的尺寸及位置，正确地装配及焊接即可。

2）序号 2 封头的数量为 1 个，规格为 R38mm×R19mm×3.5mm，是由冷作工采用压延制作的半成品，留有修边余量。组对焊接前，需要加工封头直径端面（用砂轮、角向砂轮去掉高度尺寸上的余量，用锉刀清除毛刺，再修磨端面，开出 30°坡口），使其符合图样上尺寸 45mm、25mm 的要求。确定封头顶部中心的

位置，打好样冲眼后，钻出 φ6mm 的圆孔，如图 8-2 所示。

3）序号 3 的无缝异型管是冷作工采用压延制作的半成品，锥体（圆台）的大小口两端均留有修边余量。仍然用砂轮、角向砂轮、锉刀修磨，使其满足图样的高度要求（80mm）。锥体的大口外径为 108mm、小口外径为 76mm。要把大小口的两端面加工出 30°坡口（车工完成），为装配零件做好准备，如图 8-3 所示。

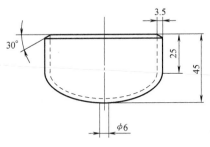

图 8-2　封头的图样（序号 2）

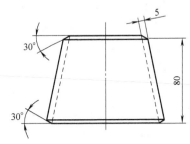

图 8-3　无缝异型管 1 图样（序号 3）

4）序号 4 无缝异型管 2 是冷作工采用压延制作的半成品，它与序号 3 的不同之处是两者的小口直径不同（锥体的大口外径也是 108mm，小口外径则为 89mm、壁厚也是 5mm）。同样进行修磨、开坡口，为装焊零件做好准备，如图 8-4 所示。

5）序号 5 无缝钢管，标注有长度、直径、钻孔的直径位置，用锉刀进行毛刺修磨，管子的长度、开坡口则由车工完成加工，如图 8-5 所示。

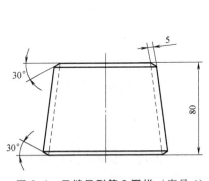

图 8-4　无缝异型管 2 图样（序号 4）

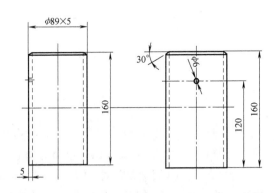

图 8-5　无缝钢管的图样（序号 5）

6）序号 6 是加固肋板（立板），有 4 块，立板的"原型"是一块长方形钢板，尺寸为 80 mm×50 mm×5 mm。选择长方形的宽度方向两个角，在一个角相邻的两边量取 35mm 划线，另一个角向两边量取 15mm 划线。用剪板机按所划的线进行剪切，就得到所需的立板，如图 8-6 所示。剪切后，边缘会产生塌边及毛刺，板料的整体会出现弯曲，甚至有些扭曲变形，需要在矫正平台上，利用锤子、大锤、弯尺等矫正工件，对这四块立板的变形进行矫正，使立板的直线度、平面度符合图样要求（先用镀锌薄钢板制作一个标准的检查样板，用样板检查修磨后的立板）。然后用砂轮、手砂轮对切割的边缘进行修磨，为后序的装焊做好准备。

7）序号 7 顶板是一块尺寸为 200mm×200mm ×10mm 的正方形钢板，在钢板上号料后，剪切、矫正、修磨、检测，为装焊做好准备，如图 8-7 所示。

8）序号 8 立板 1 是尺寸为 200mm×50mm×10mm 的长方形钢板，共 2 块，同样进行矫正、检测，为装焊做好准备，如图 8-8 所示。

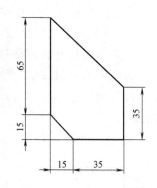

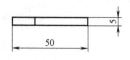

图 8-6　加固立板的图样（序号 6）

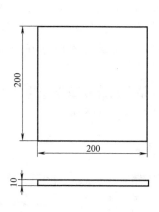

图 8-7　顶板的图样（序号 7）

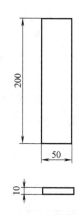

图 8-8　立板 1 的图样（序号 8）

9）序号 9 立板 2 是尺寸为 200mm×60mm×10mm 的长方形钢板，共 2 块，同样进行矫正、检测，为装焊做好准备，如图 8-9 所示。

10）序号 10 底板是尺寸为 200mm×130mm×10mm 的长方形钢板，共 2 块，每块板料的一个长边（200mm）开坡口（坡口角度 30°，钝边 2mm），两板装配后焊接成一个整体（200mm×260mm×10mm）。同样对两板进行矫正、检测，为装焊做好准备，如图 8-10 所示。

3. 准备工量具

列出要准备的工量具清单，见表 8-1。接下来要准备好工量具。

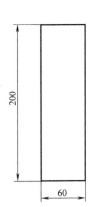

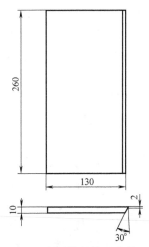

图 8-9　立板 2 的图样（序号 9）　　　　图 8-10　底板的图样（序号 10）

表 8-1　要准备的工量具清单

序号	名　称	规格或型号	单位	数量	备注
1	钢直尺	200mm	把	1	
2	钢直角尺	200~300mm	把	1	
3	钢卷尺	2m	把	1	
4	划线工具及石笔	自定	套	自定	
5	焊钳	自定	套	自定	
6	氩弧焊枪及钨极	自定	套	自定	
7	直磨机	自定	台	1	
8	角磨机	磨片直径 ϕ100mm	台	1	
9	钢丝钳		把	1	
10	钢锯条		根	自定	
11	锤子	尖口、平口	把	各1把	
12	錾子	自定	把	自定	
13	钢丝刷		把	1	
14	锉刀	自定	套	自定	
15	砂纸	自定	张	自定	
16	活扳手	自定	把	自定	
17	面罩		副	1	
18	防护手套		双	2	
19	防护眼镜	自定	副	1	
20	螺钉旋具	一字和十字	套	1	
21	焊工防护帽	自定	顶	1	
22	护目镜片	自定	片	自定	
23	焊工劳保鞋	自定	双	1	
24	焊工劳保服	自定	套	1	备用

1）进行综合实训的人员，应该已经通过了各种基础焊接练习，穿戴好劳动保护用品是工作规程之一，即工作时必须穿工作服、工作鞋；焊接时焊帽上装好护目镜。用砂轮修磨焊件的坡口、用扁铲及钢丝刷清理焊渣时要戴好平光的护目镜，防止飞溅或磨粒碰伤眼睛等。

2）准备好钢丝刷、锤子、錾子及扁铲，以用于不同焊接位置（平、立、横、仰）、不同焊缝的清渣，如图 8-11 所示。

3）准备好钢锯条、锉刀、样冲、活扳手、清理焊缝的錾子（自制）、焊丝筒（旋转打开，用于装入多根修磨好的焊丝，以备在氩弧焊时使用）、焊缝检验角尺（用于测量焊缝的焊脚尺寸、焊缝宽度），如图 8-12 所示。

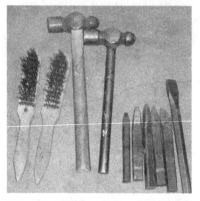
图 8-11　钢丝刷、锤子、錾子及扁铲

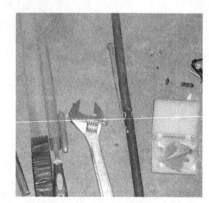
图 8-12　锯条、锉刀、样冲、活扳手及钢角尺

4）用高合金钢锯片制作的钢锯条及与之配套的细钢丝刷如图 8-13 所示。夹持板料的克丝钳子如图 8-14 所示。

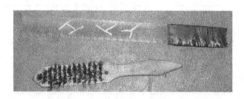
图 8-13　高合金钢锯条及细钢丝刷

图 8-14　克丝钳子

5）其他焊接设备及工具，如焊机、氩气瓶、二氧化碳气瓶、焊条保温筒、焊接用的临时支架，如图 8-15 所示。

4. 各专业协作完成零件备料

1）各专业之间紧密协作，焊接实训所需钢板由冷作工专业学生完成，在钢板上号料。根据钢板幅面、要剪切钢板的规格合理排料，提高材料的利用率。利用叉车将钢板举升到剪板机的操作平台上，如图 8-16 所示。

图 8-15 其他焊接设备及工具　　图 8-16 钢板号料后放置到剪板机的操作台上

2）用撬棍和叉车调整钢板的位置，调整好剪板机的后侧挡板。从剪板机侧面观察，剪切线正对下剪刀刃口。然后所有人员退到剪板机压料板之外（机床前面的栅板），踩下剪切开关，剪断板料，如图 8-17 所示。

3）板料剪切后，相同规格的板料放置在一起，避免混淆。因为有些板料的尺寸相差不大（长度方向尺寸相同，只是宽度方向相差 10mm），如图 8-18 所示。

图 8-17 按规程操作，剪断板料　　图 8-18 完成剪切的钢板按规格放置

4）对剪切后的板料进行矫正，复核尺寸后，转到机加工车间。铣工将板料装夹在万能角度钳上，调整角度钳升起适当的角度（与图样要求的坡口角度相适应），然后将角度钳夹紧，如图 8-19 所示。

5）检查立式铣床的各部件，安装端面铣刀空转试车，然后用适当的进给量铣削坡口，直至完成钢板的坡口加工，如图 8-20 所示。

6）将完成坡口铣削的钢板放置在一起，然后逐个用锉刀修磨，将坡口边缘的毛刺要清理干净，如图 8-21 所示钢板坡口符合要求后转回到焊接车间，成为合格的焊接底板。

图 8-19　剪切后的板料装夹到万能角度钳上　图 8-20　用立式铣床完成板料的坡口加工

7）加工图样上的钢管（序号 6，φ89mm×5mm），在机加工车间的锯床上完成。将钢管装夹到锯床的工作台上，量取尺寸后进行锯削，如图 8-22 所示。

图 8-21　用锉刀清理坡口边缘毛刺　　图 8-22　用锯床对钢管进行切割

8）完成切割的钢管放置到一起，检查尺寸后转入下道工序，如图 8-23 所示。

9）车工复查测量这批钢管的尺寸。将切割后的钢管装夹到自定心夹盘上，安装好 45° 弯刀，调整后，准备对端面车削坡口，如图 8-24 所示。

图 8-23　检测钢管尺寸后转入下道工序

10）用适当的转速及进给量车削坡口，车削过程中应注意清除切屑。完成管子的一端坡口后，掉头装夹，将管子的另一端车削出坡口，如图 8-25 所示。

11）管子两端车削坡口后，将钢管取下，成为符合要求的钢管后，转到焊接车间，如图 8-26 所示。

图 8-24　装夹钢管，安装车刀

图 8-25　用适当的转速及进给量车削坡口

图 8-26　完成两端坡口的钢管

5. 焊工对零件复检及处理

1）焊工对焊接所需的零件进行备料，对于不需要开坡口的钢板，检查钢板的尺寸、直线度及平面度（总图中序号 8、序号 9 各两块立板），如图 8-27 所示。

2）对于顶板及肋板（总图中序号 6、序号 7）检查数量、尺寸、直线度、平整度，若不符合要求，就要进行矫正，以免影响工件成形后的尺寸，如图 8-28 所示。

3）无缝异径管有两个（总图中序号 3、序号 4），其小径一端已车削出坡口，先初步检查，然后进一步修磨端面及毛刺，才能用于焊接，如图 8-29 所示。

图 8-27　检查立板的尺寸及平面度

图 8-28　检查顶板及肋板

图 8-29　检查异径管

4）复查钢管、两个异型管的尺寸及坡口情况，如图 8-30 所示。用磨头修磨异型管大小口的内壁（焊缝附近 20mm 左右的区域），以保证焊接质量，如图 8-31 所示。

图 8-30　复查钢管尺寸

图 8-31　用磨头修磨两个
异型管的内壁

5）用角向砂轮修磨异型管大口的端面，以保证组对的环缝间隙，如图 8-32 所示。

6）用角向砂轮修磨两块底板，将坡口边缘附近 20~30mm 范围内的铁锈除尽，以保证焊接质量，如图 8-33 所示。

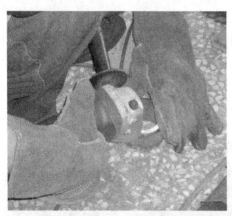

图 8-32　用角向砂轮修磨异型管大口端面

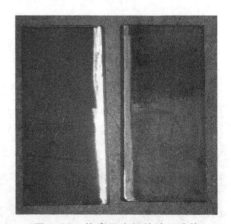

图 8-33　修磨两底板的坡口边缘

7）将修磨好的钢管放置在盖板上查看环缝，对组焊后可能发生的情况要做到心中有数，如图 8-34 所示。

8）将四块肋板放置到盖板上（对角线位置），查看贴合情况（肋板底部与盖板、肋板的上部与钢管的外部）；若贴合处的间隙较大，就需要修磨肋板，直至贴合处符合要求，如图 8-35 所示。

图 8-34 查看钢管与盖板环缝   图 8-35 查看肋板的贴合情况（钢管、盖板）

9）先查看两异型管的接口情况，两者的环缝间隙要均匀，如图 8-36 所示。然后将检测的零件按焊接顺序摆放在一起，如图 8-37 所示。

图 8-36 检测异型管环缝的接口   图 8-37 零件按焊接顺序摆放

6. 检查焊接设备及工具

制造及焊接产品时，准备工作占有相当的比例，包括设备、工具、材料、量具等。完善的准备工作可以保证焊接效率及焊接质量。

1）检查所需焊机（焊条电弧焊及氩弧焊的两用焊机 WS-400、二氧化碳气体保护焊机 NB350），焊条烘干后装入保温筒，检查二氧化碳气体保护焊所使用的焊丝、二氧化碳气瓶、氩气瓶及减压表等（见图 8-38）。接下来安装焊丝（见图 8-39），抽出焊丝头与送丝机构连接（见图 8-40）。查看焊丝盘运转情况（见图 8-41），保证焊丝从焊枪头前部送出（见图 8-42）。

图 8-38　检查二氧化碳气瓶及氩气瓶

图 8-39　安装焊丝

图 8-40　抽出焊丝头与送丝机构连接

图 8-41　查看焊丝盘运转情况

图 8-42　焊丝从焊枪头前部送出

2）因为焊接过程中要使用钨极氩弧焊，而钨极容易烧损，故要修磨几根备用。将钨极端部磨成平底锥形，如图 8-43 所示。

3）在台式砂轮机上修磨所需的扁铲、錾子，修磨时要戴好护目镜，避免磨粒及粉尘损伤眼睛。若磨削的工具过热，要采用冷却措施（放置到旁边的水桶里），如图 8-44 所示。

图 8-43　修磨备用的钨极

图 8-44　在砂轮机上修磨工具

4）检查修磨的工具，清点数量，放置到适当的位置，便于焊接时使用，如图 8-45 所示。

5）盖板上部的钢管需要焊接管接头，根据图样划出接头的位置，打好样冲眼。在台式钻床上，用适当直径的钻头钻孔，如图 8-46 所示。

图 8-45　修磨后的工具放置到适当位置

图 8-46　用台钻完成钢管钻孔

7. 微型容器的底板焊接

1）用砂纸、钢丝刷打磨待焊处边缘（坡口旁边 20～30mm），直至露出金属光泽。

2）构件采用单面焊双面成形，焊接后会发生角变形，因此焊前向焊后变形方向的反方向进行人为的变形（两板料焊接的坡口面凸起，凸起的角度为 2°～3°）。

3）焊接装配间隙要根据材料的厚度确定，厚度大则间隙大。现在底板厚 10mm，根部开 V 形坡口，钝边 2mm。选择装配间隙 3.2mm（可用 ϕ3.2mm 的焊条检查间隙）。

4）工装架底部是装配胎架，将两板底部垫起，使板料翘曲的角度和间隙达到预定的要求，调整焊接电流进行定位焊（要比正式焊接的电流大 10%～15%），定位焊如图 8-47 所示。

5）定位焊缝作为正式焊缝的一部分，余高不应过高，其两端与母材应平缓过渡，以免焊接时产生未焊透缺陷。采用两处定位焊，如图 8-48 所示。

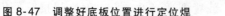

图 8-47　调整好底板位置进行定位焊

图 8-48　采用两处定位焊

6）完成定位焊后，趁焊接处高温时，将底板拿起，检测翘曲的角度是否发生变化，如图 8-49 所示。若角度有变化就要迅速矫正，以免冷却后矫正困难。

7）若板料的定位焊符合要求，就可以准备进行后序焊接。按图样要求，这两块板的焊接要在仰焊位置完成。用活扳手松开工装架上部的紧固螺栓，把板料安装到管子前部的凹槽中，然后将螺栓初步拧紧，压住板料，如图 8-50 所示。

8）检查板料的位置，焊缝所在的位置是否与工装架的管子轴线垂直，调整合适后，将压板螺栓拧紧，如图 8-51 所示。

图 8-49　定位焊后检测板料

图 8-50　将定位焊的板料安装在工装架上

图 8-51　调整板料位置将板料压紧

9）试板开 V 形坡口，焊缝需要三层焊接完成，即打底层、填充层、盖面层。打底层焊接时采用 ϕ3.2mm 的焊条，焊接电流比平焊小 10%～20%，从接缝的起头处开始焊接，先用长弧将起焊处预热，然后迅速压低电弧到坡口的根部，稍停

2~3s，以便熔透根部，然后将电弧向前平移，如图 8-52 所示。运条方法由接头间隙确定，间隙小采用直线形运条，间隙稍大用直线往复形运条。

10）焊条沿焊接方向移动，尽可能快一些，避免烧穿及熔池金属下淌。打底层焊道表面应平直无凸形。因凸形的焊道会给填充层焊道的操作增加困难，还容易造成焊道边缘未焊透或夹渣、焊瘤等缺陷，如图 8-53 所示。

图 8-52　仰焊的第一层打底焊　　　图 8-53　要保证焊透且避免烧穿及熔池金属下淌

11）当一根焊条燃尽后，用锯条深入两板的间隙中锯削，清理接头，避免连接处产生焊接缺陷，如图 8-54 所示。

12）焊缝的尾部容易产生缩孔，必须锯掉，才能避免焊道边缘未焊透或夹渣，如图 8-55 所示。

图 8-54　用锯条锯削焊缝的尾部　　　图 8-55　仔细清理接头的缩孔

13）完成打底焊后，用扁铲将钢板上面的焊渣及飞溅物清理干净，若有焊瘤应铲平，如图 8-56 所示。

14）利用锤子、扁铲清理打底层焊缝，清除焊缝边缘的飞溅物，如图 8-57 所示。

15）当焊渣及飞溅物清理干净后，还要用钢丝刷对焊缝进行清理，避免之后焊接时产生夹渣缺陷，如图 8-58 所示。

16）填充焊第二层焊道，如图 8-59 所示。采用 φ4mm 的焊条，焊接电流为

180~200A，以提高焊接效率。

图 8-56　用扁铲清理钢板上面的焊渣及飞溅物

图 8-57　清理焊缝边缘的飞溅物

图 8-58　仔细清理避免产生夹渣缺陷

图 8-59　填充焊第二层焊道

17）采用月牙形或锯齿形运条方法。运条到两侧稍停片刻，中间稍快，形成较薄焊道，如图 8-60~图 8-62 所示。

图 8-60　填充到焊缝前部

图 8-61　填充到焊缝的中部

18）完成填充层焊接后，同样清理焊渣及飞溅物，如图 8-63 所示。

19）调整好焊接电流，准备进行盖面层焊接，如图 8-64 所示。

20）焊接盖面层，既要保证焊缝美观，又要保证焊缝质量。不允许有严重的咬边、焊缝余高超高或不足，盖面层焊缝前部如图 8-65 所示，盖面层焊缝中部如图 8-66 所示。

图 8-62　填充到焊缝的末尾

图 8-63　清理焊缝的焊渣及飞溅物

图 8-64　调整焊接电流准备进行盖面焊缝的焊接

图 8-65　盖面层焊缝前部

图 8-66　盖面层焊缝中部

21）当一根焊条燃尽后，迅速松开焊钳，甩掉焊条头。从保温筒中取出焊条，夹持在焊钳上调好角度，在此过程中眼睛要盯着焊缝尾端的熔池，如图 8-67 所示。

22）此时熔池的温度还较高，在熔池的边缘迅速引弧，继续焊接，直至完成整条焊缝的盖面焊，如图 8-68 所示。

图 8-67 迅速更换焊条，看准熔池　　　图 8-68 迅速引弧完成盖面层的焊接

23）利用活扳手、克丝钳将盖面后的钢板取下，用焊缝检验尺检测焊缝最高处、最低处的宽度（见图 8-69）及高度（见图 8-70），与图样焊脚要求对比。以便查找焊脚超差的原因，总结经验，在以后的练习及焊接工件时，提高焊接质量。

图 8-69 测量焊缝的宽度　　　　　图 8-70 测量焊缝的高度

8. 微型容器底部箱体的组对

1）箱体是由 1 块底板、4 块立板（正面 2 块、侧面 2 块）、1 块盖板组焊而成。

2）将完成仰焊的底板放置在操作台上，根据总图，左与右两立板、前与后两立板之间距离均为 200mm。用钢丝刷清理底板表面，然后用直角尺、石笔划出立板位置，如图 8-71 所示。

3）底板按位置先组对侧面第一块立板，检测后进行定位焊，如图 8-72 所示。

4）盖板（顶板）是 200mm×200mm 的正方形，划出盖板的对角线，在中心打上样冲眼，然后以样冲眼为圆心划圆，圆周是上表面钢管的位置，是装配钢管的依据，如图 8-73 所示。

图 8-71　在底板上划出 4 块立板位置

图 8-72　在底板上装焊侧面第一块立板

图 8-73　在顶板上表面划线及打好样冲眼

5）立板与顶板之间采用二氧化碳气体保护焊焊接，定位焊的要求与正式焊接相同。将立板放到底板所划线的位置，立板与上顶板处于角接位置，进行定位焊，如图 8-74 所示。

6）同样对另一侧的角接位置进行定位焊，顶板长度为 200mm，定位焊的间距为 60mm，数量选择 3 处即可，如图 8-75 所示。

图 8-74　对顶板与立板的角接位置进行定位焊

图 8-75　对另一侧进行定位焊

7）完成两立板的定位焊后（总图中的前、后两立板），需要对左右两立板进

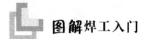

行定位焊。左右立板的高度为 50mm，比前后立板（高 60mm）短 10mm，因此左右立板与底板之间存在 10mm 的间隙。

8）在底板的上面放置一块 10mm 厚度的垫板，立板下部与垫板接触，上面与盖板角接，查看各处间隙是否均匀，进行定位焊，如图 8-76 所示。

9）对各块立板之间的角接位置（立焊缝）进行定位焊，如图 8-77 所示。

图 8-76　查看间隙进行定位焊

图 8-77　对立板进行定位焊

10）完成各板的定位焊后，检查定位焊缝的数量。平角焊位置共 18 处（上边 4 条边，下边 2 条边，每边 3 处），立角焊位置 8 处（每条立焊缝 2 处）。然后查看各处的间隙是否符合要求，接口是否平齐。用锤子轻击箱体进行矫正，如图 8-78 所示。

11）定位焊缝作为正式焊缝的一部分，焊缝的余高不应过高，两端应与母材平缓过渡，以防止正式焊接时产生未焊透缺陷。对定位焊

图 8-78　用锤子敲击箱体进行矫正

缝的高点要进行处理，根据情况可以采用磨头、角向砂轮修磨。灵活使用磨具修理定位焊缝，如图 8-79～图 8-82 所示。

图 8-79　用圆锥磨头的侧面修磨焊缝

图 8-80　用圆锥磨头的头部修磨焊缝

图8-81 用角向砂轮的圆周面修磨焊缝

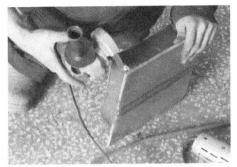

图8-82 用角向砂轮的端面修磨焊缝

9. 微型容器异径管与封头的组焊

1) 按图样的要求，两异径管之间的环缝采用焊条电弧焊，在横焊位置完成焊接。首先要对焊缝进行定位焊。

2) 上部的异径管1与封头的对接环缝采用钨极氩弧焊，将圆管与上部异径管1的小口对接（因外购的小型封头没有到位，故采用圆管取代），左手持焊丝，右手拿焊枪，对焊缝进行定位焊，如图8-83所示。

3) 下部的异径管2与钢管之间的环缝采用钨极氩弧焊，将部件（圆管、异径管1、异径管2）组对到钢管上，检查同轴度合格、环缝间隙均匀后，对焊缝进行定位焊，如图8-84所示。

图8-83 圆管与异径管1的小口进行定位焊

4) 部件组对后，放置在操作台上，再次检查零件的同轴度及环缝，若不符合要求，用锤子轻击矫正，然后对上下两道接口用钨极氩弧焊进行定位焊，以免搬运过程中各部件位置发生改变，如图8-85所示。

图8-84 圆管与异径管2的小口
进行定位焊

图8-85 用钨极氩弧焊对上下两道
接口进行定位焊

5）定位焊后，用扁铲清理焊渣及飞溅，准备对环缝进行后序焊接，如图8-86所示。

6）按图样的要求，第一、第二道焊缝是在水平位置焊接的，但焊接方法不同，第二道焊缝（两异径管之间）采用焊条电弧焊；第一道焊缝采用钨极氩弧焊。将定位焊的部件放置到工装架上装夹，如图8-87所示。

图 8-86　清理定位焊后的焊渣及飞溅物　　图 8-87　将定位焊的部件装夹到工装架上

7）将坡口附近20mm左右的区域用钢丝刷打光，直至露出金属光泽，先在前半部仰焊的坡口边上进行打底焊（先焊的一半叫前半部，后焊的一半叫后半部），由于焊缝是环形的，需要经过平焊、立焊、仰焊等几种位置，难度最大的是仰焊和立焊位置的操作。因此焊条角度变化很大，引弧后先将电弧引至坡口间隙处，右手握枪体运行平稳，左手送丝均匀，如图8-88所示。

8）焊丝在氩气保护层内往复断续地送入熔池，但焊丝不能与钨极接触或直接伸入弧柱内，否则钨极会氧化烧损，焊丝在高温弧柱的作用下产生飞溅（粘接在熔池上），如图8-89所示。

图 8-88　用钨极氩弧焊对第一道环缝进行焊接　　图 8-89　焊丝粘在工件上

9）钨极心烧损，先旋转打开焊枪后部的钨极帽，从前部取出烧损的钨极，掉头装夹（钨极是两端修磨的，需更换到另一端）；然后将后部的钨极帽拧紧，完成钨极的更换，如图8-90所示。

10）进行后半部环缝的打底焊操作，方法与前半部相似，但要完成两处焊接接头（底部仰脸、上部平焊位置），如图 8-91 所示。

图 8-90　掉头装夹烧损的钨极

图 8-91　完成环缝后半部的操作

11）进行填充层、盖面层的焊接，操作方法同打底层。要保证焊缝美观及质量，不允许有严重的咬边、焊缝过高或不足。焊缝中间可以稍高一些，采用月牙形运条。摆动稍慢而平稳，使焊波均匀美观。运条到两侧要有足够的停留时间，如图 8-92 所示。

10. 微型容器盖板、钢管、肋板的组焊

1）将部件（第一道焊缝已用氩弧焊焊接）装配到盖板的划线位置。按图样的要求，钢管的角焊缝要在轴线竖直位置完成，采用焊条电弧焊焊接。将两用焊机的挡位调至焊条电弧焊。用焊钳夹持焊条，对钢管的底部进行定位焊，如图 8-93 所示。

图 8-92　完成环缝的填充层及盖面层的焊接

图 8-93　用焊条电弧焊对管子的底部进行定位焊

2）盖板上已划好对角线，这四条对角线是加强立板（肋板）的装配位置线，将肋板放到位置线上。肋板上部与管子的圆柱面接触、肋板下部与盖板表面贴合，用钢直角尺检查肋板的垂直度，进行定位焊，如图 8-94 所示。

3）若定位焊后发现肋板位置发生偏移，要用锤子将不合格的肋板打掉。用砂轮将肋板上面的焊疤磨掉，用角向砂轮将盖板上的焊渣及焊疤磨掉，才能继续在该位置组对肋板，完成定位焊，如图 8-95 所示。

图 8-94 组对焊接圆柱的肋板

图 8-95 修磨不合格的肋板的焊疤

4) 完成四块肋板的定位焊后, 组对好上盖板。盖板已钻孔, 从上部穿入接管 (修改了设计图样, 将小型封头用一段圆管及盖板代替, 焊接难度不仅没有降低, 而且又多了一道焊缝), 如图 8-96 所示。

5) 按图样的要求, 对容器最上部的环缝 (接管与盖板) 采用钨极氩弧焊焊接, 如图 8-97 所示。

图 8-96 完成肋板定位焊后组对上盖板

图 8-97 采用钨极氩弧焊焊接环缝

6) 盖板与圆管的环缝处于仰焊位置, 这是修改设计所多出的一条焊缝, 采用焊条电弧焊完成, 如图 8-98 所示。

7) 钢管 (序号 5) 的中上部也有一个管接头, 按图样要求, 采用焊条电弧焊对管接头的环缝进行焊接, 如图 8-99 所示。

图 8-98 焊接盖板与圆管的环缝

图 8-99 完成管接头与钢管的焊接

8）环缝焊接后同样用扁铲清除焊缝及周围的焊渣和飞溅物，如图 8-100 所示。

9）肋板共有 4 块，每块肋板需要焊接四条角焊缝，肋板与圆管接触的两侧部分是两条立焊缝，依据图样要求采用焊条电弧焊，焊接这 8 条立角焊缝，如图 8-101 所示。

图 8-100 用扁铲清理焊渣及飞溅物

图 8-101 焊接立板与圆管接触的立焊缝（焊条电弧焊）

10）肋板与盖板接触的部分是两条角焊缝，依据图样要求采用二氧化碳气体保护焊，焊接这 8 条平角焊缝，如图 8-102 所示。

11）图样要求将容器整体组装后，在竖直放置的状态下，焊接异径管 2 与圆管的环缝。即总图中的序号 4 与序号 5。焊缝处于横焊的位置，采用钨极氩弧焊。首先对焊缝进行打底焊，要做到焊枪运行平稳、送丝均匀，如图 8-103 所示。

图 8-102 焊接立板与盖板接触的角焊缝（二氧化碳气体保护焊）

图 8-103 对环缝进行钨极及氩弧焊（序号 4 与序号 5 之间）

12）进行填充及盖面焊，不能破坏电弧的稳定性和氩气保护，否则会造成熔池沾污和夹钨等缺陷。焊丝与钨极的端部要保持一定的距离，焊丝要在熔池的前端熔化，送丝采用断续送丝法，完成焊接后焊缝的表面应是清晰和均匀的鱼鳞波纹，如图 8-104 所示。

13）4 块立板与盖板、底板的连接，共有 10 条焊缝。按图样的要求，均用二氧化碳气体保护焊进行焊接。四块立板之间的角焊缝为立焊缝（4条）；正面的两块立板分别与盖板、底板对接，为平角焊缝（每块2条，共4条）；侧面的两块立板与底板不接触，只是与盖板连接的角焊缝（2条），首先焊接立板之间的4条立焊缝，如图8-105所示。

图 8-104　完成环缝的盖面焊

图 8-105　焊接立板之间的立焊缝

14）焊接立板与底板的两条平角焊缝，焊接立板与盖板的4条平角焊缝，如图8-106所示。

15）按修改设计后的图样焊接的小型压力容器，图样上部的封头用圆板与管子焊接代替（这样修改增加了焊接难度，但降低了外购小型封头的成本），如图8-107所示。

图 8-106　完成立板与底板、盖板的
6条平角焊缝的焊接

图 8-107　焊接完成的小型压力容器
（封头用圆板与管子焊接代替）

16）若采用原来的设计图样，其他位置的零件及焊缝没有变化。封头与上部异形管的小口焊接如图8-108所示，管子的轴线处于铅垂线位置，用钨极氩弧焊完成横焊环缝。

17）图8-109所示为完全按设计图样要求所焊接的焊件。在焊接过程中，使用焊条电弧焊、氩弧焊、二氧化碳气体保护焊，完成各种位置的焊接，具体操作如下：

① 顶板圆管与圆盖板为角焊缝，焊件轴线处于竖直位置时，用钨极氩弧焊

完成。

　　② 圆管与上部异形管的小口之间为环缝，焊件轴线处于水平位置时，用钨极氩弧焊完成。

　　③ 两异形管大口之间为环缝，用焊条电弧焊完成。

　　④ 下部异形管的小口与圆管之间为环缝，用钨极氩弧焊完成。

　　⑤ 圆管与其中部接管为环缝，焊件轴线处于竖直位置时，用焊条电弧焊完成。

　　⑥ 肋板与圆管之间为立角焊缝，共有 8 条，用焊条电弧焊完成。

　　⑦ 肋板与盖板之间为平角焊缝，共有 8 条，用二氧化碳气体保护焊完成。

　　⑧ 圆管与盖板之间为角焊缝，采用焊条电弧焊完成。

　　⑨ 盖板与立板之间为角焊缝，共有 8 条，其中包括 4 条立角焊缝、4 条平角焊缝，采用二氧化碳气体保护焊完成。

　　⑩ 前后两块立板与底板之间为角焊缝，共有两条，采用二氧化碳气体保护焊完成。

图 8-108　封头与异形管小口
的焊接（原设计图样）

图 8-109　完成的 3 个焊件（原设计图样）

模块9

焊工必备的相关知识

● 项目1　火焰钎焊 ●

钎焊是古老而又现代的焊接方法，古代的铜马车上就发现有钎焊的焊缝。目前钎焊在电子工业、仪器仪表、家电等制造中主要用于封装集成电路。

1. 火焰钎焊知识

（1）钎焊概述　采用比母材熔点低的金属材料作钎料，将焊件和钎料加热到高于钎料熔点，低于母材熔化温度，利用液态钎料润湿母材，填充接头间隙并与母材相互扩散实现焊件连接的方法即钎焊。

火焰钎焊是钎焊的一种，它是使用可燃气体与氧气（或压缩空气）混合燃烧的火焰进行加热的钎焊。

（2）设备　氧乙炔火焰钎焊所使用的设备和工具与气焊相同，设备简单，燃气来源广，不依赖电力供应并能保证焊件质量，用氧乙炔火焰加热钎料及焊件即可，如图9-1所示。

（3）工作台　火焰钎焊的小型工作台用角钢及钢板制造，在下方装有一个脚踏转动式圆盘和转动轴，轴与圆盘上的小圆盘连接，在圆盘上放置耐火砖，钎焊时将焊件放置在耐火砖上，如图9-2所示。

（4）钎料　钎焊时用于填充钎缝的金属材料称为钎料。钎料应具有合适的熔点（低于金属熔点），良好的流动性（填缝能力），从而与焊件能很好地溶解和扩散，形成优良的钎焊接头，满足使用性能要求。

（5）钎剂　钎焊时由于加热会使已清理的金属表面重新发生氧化，增加了钎焊的难度，故钎焊时要借助钎焊焊剂（钎焊时使用的熔剂，简称钎剂）的作用去除焊件和钎料表面的氧化膜及其他脏物，钎剂熔化后覆盖在钎接件和钎料表面，

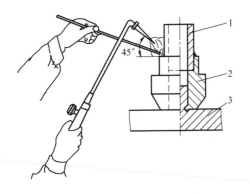

图 9-1 用氧乙炔火焰钎焊焊接

管接头（导管与套管的焊接）

1—导管 2—套管 3—支撑块

图 9-2 火焰钎焊用工作台

隔绝空气实现保护，同时还能改善钎料的流动性能，保证获得致密接缝。

（6）钎焊的接头形式 在钎焊中为了提高焊缝的强度，一般用搭接代替对接，以增大连接强度。搭接接头的长度取焊件厚度的 2~5 倍，接头的形式如图9-3 所示。

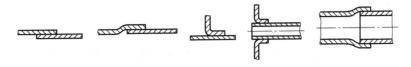

图 9-3 钎焊接头形式

（7）接头的装配间隙 接头的间隙会影响钎焊缝的致密性和连接强度。间隙过小，接触面不均匀，会影响钎料的流动；间隙过大，钎料不能填满间隙。应依据钎料的成分来选择间隙的大小。

（8）咬边熔蚀 在钎焊过程中，由于钎焊的温度高或者钎焊的保温时间长，或者钎料与母材相互作用强烈，致使母材边缘形成新的且熔点低于母材的合金。这种新合金熔化后即造成母材边缘局部咬边，这种缺陷称为咬边熔蚀，如图9-4 所示。

（9）钎焊后的清洗 钎焊后要清除焊接接头的钎剂残渣（否则会腐蚀接头），清洗的方法依据所使用的钎剂而定。

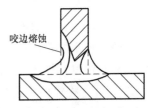

咬边熔蚀

图 9-4 咬边熔蚀

2. 硬质合金刀具及管接头的火焰钎焊

（1）焊件与刀具 焊件为低碳钢管接头，如图 9-5 所示；车刀刀体与硬质合金刀片如图 9-6 所示。

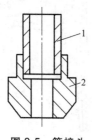

图 9-5　管接头

1—导管　2—套接接头

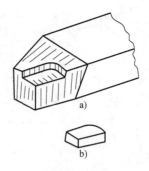

图 9-6　车刀

a）车刀刀体　b）硬质合金刀片

（2）钎料和钎剂

1）低碳钢管件采用铜锌钎料（丝状），直径 2mm 左右；钎剂由 75% 硼酸和 25% 硼砂（质量分数）组成。

2）车刀刀体与硬质合金刀片钎焊用铜锌钎料为薄片状，厚度 0.5mm；或丝状钎料，直径为 2~3mm。钎剂为硼砂 100% 或者用 60% 脱水硼砂与 40% 硼酸（质量分数）。

（3）操作要领

1）低碳钢管件的钎焊接头

① 焊前清理。碳钢焊件要用细砂纸清理待焊表面，将接口周围仔细打磨至呈现均匀的金属光泽，然后用毛刷清洗待焊表面。钎料用质量分数为 15%～20% 的硫酸铵溶液在室温下清洗，清洗后的管件应在 4h 之内完成焊接。

② 装配定位焊。清理好的管件按图样的要求装配好。单个管件可放到工作台的圆盘上，若是多个接头管子的钎焊，由于要保证各接头之间的相对位置，需要使用专用夹具装配。装配前要将夹具上的灰尘、油脂清理干净。装配时，应保证钎焊间隙，碳钢管件的单边间隙为 0.05~0.1mm，要保证四周间隙均匀。

一般直径小的管接头（<ϕ20mm）只定位钎焊 1 点，大直径的管接头可沿圆周均匀分布定位钎焊 2~3 点。

③ 钎焊。将焊件放置在工作台上，用中性火焰进行钎焊。火焰焰芯距焊件表面 15~20mm，用火焰的外焰对准接头均匀加热；同时脚踏转动机构使焊件转动。在加热过程中焊炬还要沿接头搭接部分做上下摆动，使钎焊接头加热均匀。当观察接头的表面呈橘红色时，用钎料蘸上钎剂后，沿钎焊处涂抹，钎剂即开始熔化流动，并填满缝隙，随即加入钎料。若加热温度不足，则液态钎料的流动性差，间隙中的钎剂不能及时浮出，从而形成钎缝中的钎剂夹渣。若加热温度太高，超出钎焊温度太多，则钎料中的锌蒸发剧烈，会引起钎缝中的气孔。因此均匀加热

并控制钎焊温度对于保证钎焊质量是非常必要的。

加入钎料后，用外焰前后移动加热焊件的搭接部分，使钎料均匀地渗入钎焊间隙，不能把火焰直接指向钎缝，如图 9-7 所示。若发现钎料不能形成饱满的圆根时，可以再加些钎料，并同时不断地转动小圆盘，使火焰继续沿管件圆周均匀加热，以便钎料均匀铺开，直到整个钎缝形成饱满的圆根为止。再用火焰沿钎缝加热两遍，这样有利于钎缝中的气体排出，然后慢慢将火焰移开。这时熔化的钎料未完全凝固，不允许搬动焊件，以防止钎缝开裂和接头相对位置的变动。

若钎焊较粗的管件，钎料可以分几次沿钎缝加入，等一段钎料渗完后，再钎焊另一段，如图 9-8 所示。

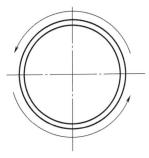

图 9-7　加热时火焰的指向位置

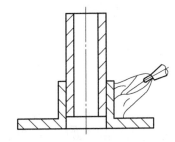

图 9-8　粗直径管件的分段钎焊

④ 清除钎剂及焊渣。钎剂及焊渣对钎焊接头有腐蚀作用，在钎焊的 8h 之内要完成清除。用机械方法去除焊渣，用溶剂（汽油、酒精等）清洗焊件表面的钎剂，然后再用热水煮洗。

2）车刀（或刨刀）刀体与刀头钎焊。刀体与刀头的材料不同，受热后的线胀系数不同，因此会产生很大的内应力，从而可能使刀片产生裂纹，严重时会造成刀片破碎。因此，选择合理的刀槽形式、钎料及钎焊工艺，是保证硬质合金刀具钎焊质量的前提。

① 刀槽形式。为了减少变形和防止裂纹，对于车刀和刨刀采用开口式刀槽（封闭及半封闭容易引起刀片裂

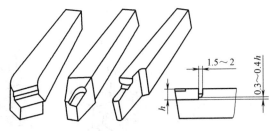

图 9-9　刀槽的形式

纹），刀槽的表面粗糙度应小于 10μm，刀槽的内棱角处应有圆弧，以防止刀杆产生裂纹，如图 9-9 所示。

② 刀片、刀杆的清理。新刀片要采用吹砂处理，去除表面的氧化层及油漆，

无吹砂设备也可在碳化硅砂轮上轻磨。不允许用钳子夹住刀片在砂轮上磨，也不能用磨床磨削，以避免刀片裂纹。

③ 进行硬质合金刀具钎焊时，根据其钎料加入方式可分为两种操作方法。

a. 预埋钎料法。将厚 0.5mm 左右的薄片钎料裁成与刀片相同的形状，然后将刀片及钎剂一同预置于刀槽中，如图 9-10 所示。钎焊时，刀杆放在工作台的耐火砖上固定，刀头伸出一定的长度，便于用火焰加热刀体的杆部、两侧及刀槽的底部，如图 9-11a 所示。选用中性焰加热刀槽至暗红色时（约650℃），再用火焰的外焰加热刀片及刀槽，如图 9-11b 所示。钎剂全部熔化后，再继续加热至钎料全部熔化，并沿钎缝渗出。注意

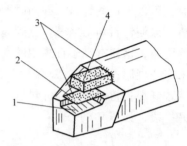

图 9-10　钎料与钎剂的放置示意图

1—刀槽　2—钎料　3—钎剂　4—刀头

观察钎料的熔化状态，当产生微小的蓝色火焰并冒白烟时，立即用加压杆拨动刀片，并在刀槽内往复移动几次，如图 9-11c 所示。然后使刀片停在正常位置，并用加压杆在刀杆上部中间施加压力，如图 9-11d 所示。以便钎料在刀片和刀槽之间更好地进行扩散，最后获得优良的接头。

钎焊结束后，随即将刀具放入石棉灰中缓冷，或送入 350～380℃ 的炉中进

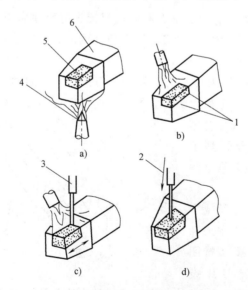

图 9-11　预置钎料法钎焊的过程

a）加热刀体　b）加热刀片及刀槽　c）拨动刀片　d）加压

1—熔化的钎料及钎剂　2—加压方向　3—加压杆　4—火焰　5—刀片　6—刀体

行低温回火，以减少内应力，防止产生裂纹，提高刀具的使用寿命和使用性能。

b. 熔入法。先用火焰均匀加热刀槽周围，待刀槽四周呈现暗红色时，加热刀片。将预热后的钎料端头蘸着钎剂不断地送入钎缝，钎剂熔化并布满钎缝。然后将蘸着钎剂的钎料立即送入火焰下的钎缝接头处，使其快速熔化渗入并填满接头间隙，从而完成钎焊过程。

3）注意事项。火焰钎焊与气焊都是右手持焊炬，左手填加焊丝及钎料。但气焊时焊件和焊丝都熔化，因此加热温度要求高。而火焰钎焊是焊件本身不熔化，只有钎料熔化，因此焊件的加热温度较低。火焰钎焊与气焊的根本区别在于气焊加热时以火焰的焰心对准熔池，要求加热集中，使焊件迅速熔化，充分熔透。而火焰钎焊则应以火焰的外焰加热焊件，并将整个接头均匀加热到要求的钎焊温度即可。这是火焰钎焊过程中始终应注意的问题。

4）质量评定。采用目视外观检查钎缝表面，碳钢管件的钎缝表面应有圆根并圆滑连接，表面不应有焊瘤、咬边、裂纹等缺陷。硬质合金刀具则要求刀片在刀槽中位置正确，不产生裂纹，刀片与刀槽连接处的四周有均匀的钎料渗出。检查时，可用 4～10 倍放大镜辅助进行。

5）安全操作

① 戴好口罩，严格遵守气焊的有关操作规程。

② 钎焊过程中因接触的化学溶剂较多，应严格遵守使用和保管有关化学溶剂的规定。

③ 钎焊过程中要防止锌及氟化氢的危害，凡使用含锌的钎料及氟化氢钎剂进行钎焊时，应在通风顺畅的条件下进行，要有排风装置，以防有毒物质的聚集。

● 项目 2　气割 ●

1. 气割定义

利用气体火焰的热能将工件切割处预热到一定温度后，喷出高速切割氧流，使其燃烧并放出热量实现切割的方法即气割。

2. 气割的优点

气割具有简单、灵活、切割厚度范围大等优点，适用于低碳钢、中碳钢、低合金钢的切割。

3. 气割的缺点

气割后的工件容易变形，切口在冷却后硬化，不能切割铸铁及有色金属（产生的氧化物的熔点比金属熔点高）。

4. 气割原理

先用氧乙炔火焰将工件的待切割处加热到燃烧点，然后喷出高速切割氧流。金属在氧气中剧烈地燃烧，液态氧化物被切割氧流吹走，从而形成切口。

5. 手工气割的设备工具

（1）氧气瓶（见图9-12） 容积为40L，压力为15MPa，装氧气6m³，瓶身上套有橡皮圈，防止运输过程中瓶子被碰撞。使用时要直立，气瓶与火源的距离应大于5m，氧气瓶上部的瓶阀用于控制瓶口输出氧气的流量。当瓶内的氧气压力达到0.1~0.3MPa时，就要停止使用，关闭瓶阀，并将气瓶送去充气，不能等氧气用完再充气，以防止可燃气倒流。另换备用气瓶继续工作。

（2）氧气减压器（见图9-13） 依据气割钢材的厚度来调整减压器上两块表的压力（低压表选0.4~1.2MPa），减压器的高压表指示气瓶内的氧气压力（图中大约为8MPa），低压表指示输出氧气的压力（图中大约为0.9MPa），表上部的调压螺杆可以调整输出氧气的压力。

图9-12　氧气瓶

图9-13　氧气减压器

（3）乙炔瓶 乙炔瓶要立放，瓶体表面为白色，并用红漆写有"乙炔"字样，如图9-14所示。

（4）乙炔减压器 乙炔减压器的夹环套在乙炔瓶阀上，通过安装孔使减压器的进气孔与瓶阀的出气孔连接，调整夹环上的紧固螺栓，使之紧密连接，如图9-15所示。旋松减压器上的调压螺杆后，用扳手缓慢地拧开瓶阀，通过乙炔减压器的高压表观察瓶内乙炔气的压力，如图9-16所示。输出的乙炔气经回火保险器流出供使用，工作时低压表的压力值小于0.15MPa，当高压表的读数为零，低压表的读数为 0.02~0.03MPa（乙炔气将要用尽）时要立刻关闭阀门。减压器上的回火保险器能阻断可燃气进入乙炔瓶。

图 9-14　乙炔瓶　　图 9-15　乙炔瓶阀连
　　　　　　　　　　接夹环套

图 9-16　乙炔减压器

（5）割炬　射吸式割炬如图 9-17 所示，其各部位名称及作用如图 9-18 所示。割炬使用时，氧气和乙炔气按比例混合，点火后形成预热火焰，并在预热火焰的中心喷射切割氧气进行切割。其工作过程如下：打开氧气调节阀→氧气进入喷射管→从很小的喷射孔喷出→使喷嘴的外围成为真空状态，造成负压而产生吸力→乙炔气被吸出，和氧气混合→进入射吸管→进入混合气管→从割嘴喷出预热火焰。

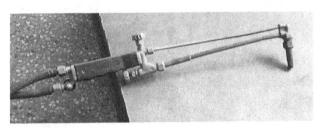

图 9-17　射吸式割炬

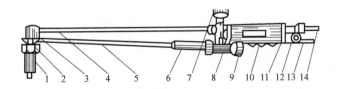

图 9-18　射吸式割炬的结构

1—割嘴　2—割嘴螺母　3—割嘴接头　4—气割氧气管　5—混合气管
6—射吸管　7—切割氧开关　8—中部整体　9—预热氧开关　10—手柄
11—后部接体　12—乙炔开关　13—乙炔管接头　14—氧气管接头

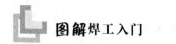
（6）气割工艺

① 场地要求：氧气瓶和乙炔瓶要立放，并符合防火要求，工件下方要有空隙落渣、能够防爆。待切割工件上的划线和样冲眼要清晰。

② 旋转切割氧开关，检查切割氧流线应为笔直清晰、长度适当的圆柱体，以使切口等宽，如图 9-19 所示。若不符合要求应关闭各阀门，熄火后用通针通割嘴，然后再试火调整。

③ 选择氧气的压力：依据工件的厚度来选择氧气的压力，厚度大则氧气的压力大，但压力过大则过剩的氧气会对切口进行冷却，切割的速度及质量会下降，压力过小则热量低、混合气燃烧差、钢板割不透、切口的质量差。

④ 选择切割速度：割炬移动的切割速度与切口氧化速度相同，太快则工件下部切不透，太慢则切口易熔化，如图 9-20 所示。

图 9-19　检查切割氧流线

图 9-20　切割速度适当

⑤ 具体操作：先预热板边使之呈红色，同时慢开切割氧阀门，切割氧流线应为笔直而清晰的圆柱体，并有适当的长度。待预热的红点在氧气流中被吹掉，迅速开大切割氧阀门，当割件背面有亮红色氧化铁渣随氧气流一起飞出则钢板割透，然后按预定速度进行气割。

氧乙炔气割工件实例

例 1　合理排料切割肋板

制造产品的过程中需要合理排料，以降低生产成本，这是利用边角料加工肋板。按图样的尺寸要求，在钢板上划线（留出加工余量），将钢板放置在焊接平台上，钢板划线部分要悬空到平台之外，以便于气割时氧化铁熔渣落下，调整好切割火焰，用适当的切割速度进行切割，如图 9-21 所示。

例 2　切割进出料孔及密封孔

这是压力容器的球形封头，按设计的图样及工艺要求，先将圆板用压力机压成封头（留出封头端面的修边余量），然后将封头扣放在地槽铁的平台上，按图样对封头二次号料（留出修边余量），划出封头上的进、出料管及密封圈的管口方位，按划线用氧乙炔火焰进行切割，如图 9-22 所示。

图 9-21 合理排料切割肋板

图 9-22 按划线切割封头上的密封圈孔

气割过程中，根据划线的位置，操作者要采取卧、站、蹲等姿势，一手持割炬，另一只手控制割炬上面的切割氧开关，用适当的速度切割，如图 9-23 所示。切割时要注意氧化铁熔渣和飞溅物，防止烫伤。站在封头上进行切割时，要防止跌滑，切掉的板料掉落时会发出很大的响声，要有心理准备，不要惊慌，以免出现事故。

完成密封圈孔及进出料孔的切割后，目测检查划线与切割线，对不符合要求的位置进行补切割（边缘不整齐、上下表面的氧化铁熔渣），直至各管口符合要求后，才能将封头转到下道工序，由其他工种的人员进行密封圈、进出料管的装配及焊接，如图 9-24 所示。

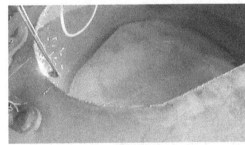

图 9-23 切割密封圈孔及进出料孔

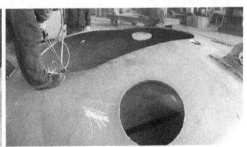

图 9-24 对不符合要求处修补切割

● 项目 3 半自动切割 ●

常见的半自动切割机是 CG1—30 型小车式切割机，小车带着割嘴在专用的轨道上自动地移动，轨道需要人为调整。若轨道是直线则用于切割直线，如图9-25所示；若轨道是曲线则用于切割曲线，割嘴可以完成倾斜或垂直面的切割，图9-26 所示为对钢材开坡口，图 9-27 所示为切割直角。

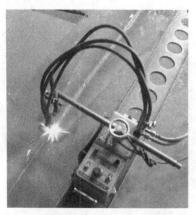

图 9-25　CG1—30 型小车式切
割机切割直线

图 9-26　CG1—30 型小车式切割机
割嘴倾斜开坡口

　　将小车式切割机的前端固定一根长钢筋，钢筋的另一端固定在圆盘上端立柱的卡子上，卡子的一端与钢筋固定，另一端可围绕立柱旋转。这样切割机就只能以立柱为轴进行旋转，调整钢筋的长度，割嘴就可以切割不同直径的大法兰圈，如图 9-28 所示。

图 9-27　CG1—30 型小车式切割机切割直角

图 9-28　小车式切割机切割直径 5m 的法兰圈

　　小车式切割机还可以完成对各种形状钢板的切割，如切割圆板，如图 9-29 所示。

图 9-29　在钢板上切割圆板

• 项目 4　数控切割 •

数控切割机是自动化的高效火焰切割设备，切割时，将编制好的程序输入计算机，计算机根据输入的切割程序计算出割嘴的走向和应走的距离，向自动切割机构发出工作指令，控制自动切割机构进行点火、钢板预热、钢板穿孔、切割和空行程等动作，从而完成整张钢板上所有零件的切割工作。

图 9-30 所示是龙门式小蜜蜂数控切割机正在切割法兰圈，其轨距是 5m，轨道的长度是 16m，割炬两把，切割板料的厚度小于 200mm。图 9-31 所示是切割后的法兰圈，经检测尺寸公差小于 1mm，这样可使后续的装配方便、焊接后的变形小。

数控切割钢材也有不足之处，钢板的利用率要比手工切割低 10%~15%。切割窄而长的零件时，受热胀冷缩的影响大，零件的切割尺寸不准确。

图 9-30　龙门式数控切割机切割（法兰）　　　图 9-31　切割后得到的零件（法兰）

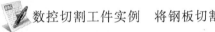数控切割工件实例　将钢板切割成圆弧板，用于制造法兰圈。

1）先向系统中输入零件的各尺寸参数，数控切割机的操作面板上显示零件的图样和氧乙炔火焰运行的轨迹，如图 9-32 所示。

2）切割机按输入的数据，调整割嘴在轨道纵向及横向的位置，对钢板预热后，逐条完成圆弧板的切割，如图 9-33 所示。

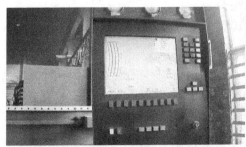
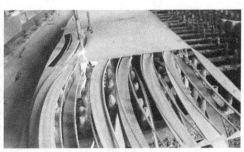

图 9-32　数控切割机的显示面板　　　　　图 9-33　割嘴按指令切割圆弧板

• 项目 5 气焊 •

1. 定义

气焊是利用可燃气和氧气混合燃烧形成的火焰，将焊件接头及焊丝熔化，冷却凝固后形成牢固的接头。

2. 气焊的设备与工具

气焊的设备与工具有氧气瓶、氧气减压器、乙炔瓶、乙炔减压器、焊炬、橡皮管等。

3. 焊炬的工作原理

焊炬的作用是将可燃气体和氧气按一定比例均匀地混合，以一定的速度从焊嘴喷出，形成适合焊接要求和稳定燃烧的火焰。混合气体喷出的速度大于燃烧速度，以使火焰稳定地燃烧。目前使用较广的 H01—6 型射吸式焊炬的构造如图 9-34 所示。

图 9-34 射吸式焊炬

4. 射吸式焊炬的构造

射吸式焊炬由主体、乙炔调节阀、氧气调节阀、喷嘴、射吸管、混合气管、焊嘴、手柄、乙炔管接头和氧气管接头等部分组成，如图 9-35 所示。

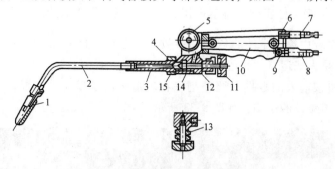

图 9-35 H01—6 型射吸式焊炬的构造

1—焊嘴　2—混合气管　3—射吸管　4—射吸管螺母　5—乙炔调节阀　6—乙炔进气管　7—乙炔管接头　8—氧气管接头　9—氧气进气管　10—手柄　11—氧气调节阀　12—主体　13—乙炔阀针　14—氧气阀针　15—喷嘴

焊炬的主体由黄铜制成。手柄下侧有氧气调节阀、阀针、喷嘴，手柄前端有乙炔调节阀及其阀针。旋拧上述调节阀，使阀针移动，从而控制氧气或乙炔的开闭及流量，控制焊接火焰的能率。喷嘴是根据射吸式原理，将氧气和乙炔按一定比例混合，并以一定流速从射吸管射出，然后进入混合气管再从焊嘴喷出。射吸管用射吸管螺母紧固在焊炬主体的左侧，焊嘴通过螺纹连接旋紧在混合气管的前端。混合气管与射吸管采用银钎料钎焊。

乙炔进气管和氧气进气管也采用银钎料钎焊连接在焊炬主体的右上侧，并在进气管的另一端焊上气管接头，供连接橡皮气管用。

使用时打开氧气调节阀，氧气立即从喷嘴快速射出，这样在喷嘴的外围形成真空，即产生负压和吸力。这时再打开乙炔调节阀，乙炔就会聚集在喷嘴的外围。由于氧气射流的负压作用，喷嘴外围的乙炔很快被氧气吸入射吸管、进入混合气管再从焊嘴喷出。

焊炬利用射吸作用，使高压氧（0.1~0.8MPa）与压力较低的乙炔（0.001~0.1MPa）按一定比例均匀地混合（体积比约为 1∶1），并以相当高的流速喷出。无论是低压乙炔，还是中压乙炔都能保证焊炬的正常工作。

5. 气焊实例（弯头与管子对接）

1）定位焊。先将弯头与管子组对在一起，检查环缝没有错边后，对环缝中点进行定位焊。

2）焊后矫正。对定位焊的弯头进行矫正，检查管口的平面度，若有偏差迅速用锤子敲击矫正，直至目测弯头的高低、前后、左右位置符合要求，如图 9-36 所示。

3）将定位焊的弯头转动 180°（要握住管子转动，不能碰到弯头，以免定位焊的位置变动），使弯头的接口向下，对焊缝的中部进行定位焊，如图 9-37 所示。

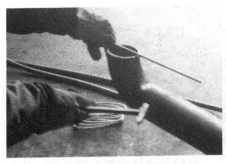
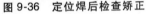

图 9-36　定位焊后检查矫正

图 9-37　弯头转动 180°后进行定位焊

4）底部定位焊后，旋转 90°，如图 9-38 所示。

5）焊接上半部环缝。右手持焊炬加热环缝，左手执焊丝填充，火焰将接头部位及焊丝熔化，被熔化的金属形成熔池，焊丝不断地送入熔池中，并与熔化的基体金属熔合形成焊缝，冷却凝固后形成一个牢固的接头，如图 9-39 所示。

图 9-38　定位焊后旋转 90°

图 9-39　焊接上半部环缝

6）将管子转动 180°，焊接下半圈环缝，焊接速度应适当，以避免发生未熔合或烧穿，如图 9-40 所示。

7）完成上半部与下半部环缝接头部分的焊接，如图 9-41 所示。

图 9-40　焊接下半部环缝

图 9-41　完成上半部与下半部环缝接头部分的焊接

• 项目 6　数控水刀切割 •

数控水刀切割机（简称"水刀"）有"万能切割机"之称，由超高压水射流发生器（高压泵）、数控加工平台、喷射切割头三大部分构成。超高压水射流发生器（高压泵）为水刀的动力源，目前常见的是液压马达驱动增压器产生超高压水射流。将普通自来水的压力提升到几十到几百兆帕，通过束流喷嘴射出，具有极高的动能。目前数控水刀主要以切割平面板材为主。数控加工平台一般选用滚动直线导轨和滚珠丝杠进行传动，在数控程序和控制电动机的精密控制下精确进行 X 轴和 Y 轴的单独运动或两轴联动，带动切割头实现直线和任意曲线切割。高压泵只有通过束流喷嘴才能实现切割功能，喷射切割头的喷嘴孔径大小决定了压力高低和流量大小。同时，喷嘴还具有聚能作用。喷射切割头有两种基本形式：

一种是完成纯水切割的，另一种是完成含磨料切割的。含磨料切割的切割头是在纯水切割头的基础上加上磨料混合腔和硬质喷管构成的。

数控水刀切割机的工作过程如下：

1）切割台是一个大的水槽，槽内放置胎架，待切割的钢材摆放在胎架上并夹紧，槽内注水，水面要高于材料待切割的部位。水槽的上方是冂形框架，框架可沿切割台的纵向移动，可以切割槽内各种位置的钢材；框架横梁上是滑动装置，

图 9-42　水刀切割台

滑动装置可停留在横梁的任意位置，如图 9-42 所示。

2）滑动装置（见图 9-43）的左侧安装有小容器（磨料桶），磨料通过管道与喷头连接，装置的下部是切割头，高压水管在切割头的上方，向切割头内压入 250～400MPa 的高压水，加入金刚砂磨料可对各种材料、任意曲线进行切割加工，不产生热量和有害物质，切割后不需要二次加工，安全、环保，成本低。

3）磨料进入高压水柱之中，与水柱一起从喷嘴中喷出，完成对水面下钢板的切割，如图 9-44 所示。切割后，切割面整齐平滑，不会在切割过程中使被切割物体有任何损伤，可以完成许多切割工具无法实现的切割作业。

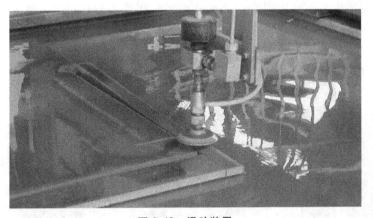

图 9-43　滑动装置

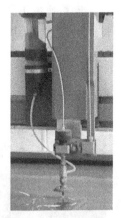

图 9-44　按图样切割钢板

4）停止切割，升起切割头，从水中的托架上取出切割后的板料，检测是否符合图样的要求（批量切割必须进行首件检测），如图 9-45 所示。

5）检查合格后，查看板料的夹紧情况，下滑喷头到适当的位置，继续对剩

余的板料进行切割，磨料及高压水通过直径 0.2mm 左右的宝石喷嘴喷射，如图
9-46所示。直至完成所需切割的数量。

图 9-45　检测切割的板料

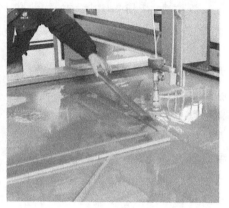

图 9-46　继续切割钢板（批量）

6）切割的磨粒（金刚砂）放置在磨料桶内，料桶的下部有输出管，输出管
最后连接到切割头（输出管、冂形框架的磨料桶、连接管、喷头）；桶身中部有
一根连接管，连接管上串接一个油水分离器（一次过滤），然后通过一个三通管
与两条管道相连，如图 9-47 所示。

7）一条管道与气泵（见图 9-48）相连，另一条管道与切割平台端部的油水
分离器（见图 9-49）相连（二次过滤）。这样在切割过程中，气泵向磨料桶内加
压，磨粒通过下部的管道输入到切割头，油水分离器将压缩空气中的油、水过
滤，留在分离器中。

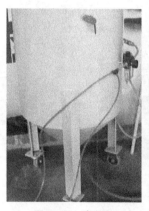

图 9-47　磨料桶

图 9-48　气泵

图 9-49　油水分离器

8）切割材料的水要经过处理，自来水经过沉淀（右侧大水箱）后由水泵通
过管道输送到过滤装置（中间的两个滤清器），盛放在专用容器中，再输入到专

用的高压储罐中（左侧），如图 9-50 所示。

9）储罐中的水输送到增压装置（液压马达驱动增压器），如图 9-51 所示。增压装置将水的压力提高到几百个兆帕，然后通过特殊的金属管连接到喷头上，高压水通过磨料混合腔后从喷嘴喷出。

10）切割时先将要切割材料的数据及尺寸输入到系统中，在水刀切割过程中，操作面板（见图 9-52）上会显示切割钢板的参数（图形、尺寸等），割刀按要求自动运行。

图 9-50 自来水净化装置　　　图 9-51 增压装置　　　图 9-52 操作面板

● 项目 7 碳弧气刨 ●

1. 碳弧气刨的定义

碳弧气刨是利用石墨棒或碳棒与工件间产生的电弧将金属熔化，并用压缩空气将其吹掉，实现在金属表面上加工沟槽的方法。

2. 碳弧气刨的应用

利用碳弧气刨可以完成挑焊根和加工各种形式坡口的操作，如图 9-53 所示。特别是中、厚板对接坡口，管对接 U 形坡口，还可刨掉焊缝中的缺陷，在电弧下可清楚地观察到缺陷的形状和深度。碳弧气刨也可进行气割，如切割铸件的浇冒口、毛刺，切割不锈钢和有色金属等。因此碳弧气刨在造船、锅炉、压力容器和机械制造中应用较广。

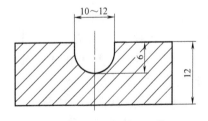

图 9-53 U 形坡口工件

3. 碳弧气刨设备

（1）焊机　采用具有陡降外特性的直流电源，通常为功率较大的弧焊整流器和弧焊发电机，如 ZXG—500、AX—500 等，电源允许输出电流应大于 500A。

（2）刨枪　生产中常用的碳弧气刨枪，其末端分别与电源导线和压缩空气橡胶管连接，通常采用电风合一的软管，既便于操作，又可防止电源导线发热。刨枪具有良好的导电性，碳棒电极夹持牢固，且更换方便，外壳绝缘性良好，其结构如图 9-54 所示。碳弧气刨枪采用侧面送风，送风口在钳口附近的一侧，工作时压缩空气从这里集中喷出，气流恰好对准碳棒的后侧，将熔化的铁液吹走，达到刨槽或切割的目的，刨削工件的情形如图 9-55 所示。

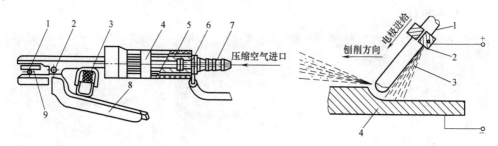

图 9-54　侧面送风碳弧气刨枪

1—碳棒　2—小轴　3—弹簧　4—手柄　5　通风道　6—导线接头
7—空气管接头　8—活动钳口手柄　9—侧面送风孔

图 9-55　刨削工件

1—电极（碳棒）　2—刨钳
3—压缩空气流　4—工件

（3）碳棒　碳棒是碳弧气刨的电极材料，采用实心碳棒镀铜，有良好的导电性，耐高温且组织致密，其断面形状多为圆形，刨平面或宽槽时，用扁形碳棒。

（4）外部接线　采用电风合一的软管时，用专用接头与电源线、压缩空气气源的胶管相连，如图 9-56 所示。若不采用电风合一的软管，则将气刨枪的导线接头和空气管接头分别接到电源导线和气源导管上。

4. 碳弧气刨的工艺参数

碳弧气刨的工艺参数有极性、碳棒直径、刨削电流、刨削速度、压缩空气压力、弧长、碳棒的倾角和伸出长度等。

（1）极性　刨削碳钢时采用直流反接，刨削过程稳定，刨槽光滑，熔化金属的流动性好。

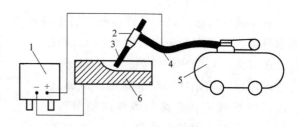

图 9-56　碳弧气刨的外部接线

1—电源　2—碳弧气刨枪　3—碳棒
4—电缆气管　5—空气压缩机　5—工件

（2）碳棒直径与刨削电流　若刨削钢板的厚度大，则碳棒的直径及电源输出的电流也随之增大。

（3）刨削速度　刨削速度一般为 8～20mm/s，若刨削速度太快，刨槽的深度就会减小，而且可能造成碳棒与金属相接触，使碳进入金属中，形成"夹碳"缺陷。

（4）压缩空气压力　通常，碳弧气刨使用的空气压力为 0.4～0.6MPa，且刨削电流增大时，压缩空气的压力也相应增大，这样能迅速吹走熔化的金属。反之，吹走熔化金属的作用减弱，刨削表面较粗糙。

（5）弧长　碳弧气刨的弧长控制在 1～3mm。弧长过短，容易引起夹碳；弧长过长，电弧不稳定，引起刨槽高低不平、宽窄不均。

（6）碳棒的倾角和伸出长度

1）碳棒与刨削工件沿刨削方向的夹角称为碳棒倾角。倾角大小会影响刨槽深度，倾角增大，槽深增加。一般采用 25°～45° 的倾角，如图 9-57 所示。

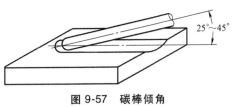

图 9-57　碳棒倾角

2）碳棒伸出长度是指从钳口导电嘴到电弧端的碳棒长度，碳棒越长则电阻越大，发热越多，碳棒的烧损越快。同时钳口离电弧越远，吹到铁液上的风力也越弱，会影响铁液的及时排出。若碳棒伸出的长度太短，则钳口离电弧太近，影响操作者视线，看不清刨槽方向，同时容易造成刨枪与工件短路。一般碳棒伸出长度为 80～100mm，当烧损 20～30mm 时，就需要及时调整。

（7）刨缝装配间隙　厚度不大的钢板，用碳弧气刨开对接坡口时，应先进行装配，其装配间隙要小于 1mm，否则容易烧穿，或者使熔化的金属及氧化物嵌入缝隙，不易去除，以后焊接时容易产生夹渣。

5. 碳弧气刨的操作准备

（1）设备、工件及工具　直流电弧焊机、碳棒、刨槽用工件（Q235 钢板，12mm×200mm×500mm）、电弧面罩与辅助工具等。

（2）工艺参数　钢板的厚度为 12mm，需要开 U 形坡口。采用 8mm 镀铜的圆形实心碳棒，刨削电流为 300～350A，压缩空气为 0.5MPa，刨削的速度控制在 9～12mm/s 以内。

（3）工件表面清理及划线　用钢丝刷等工具将工件表面的油、锈等污物彻底清除干净，以保证碳弧气刨时导电良好。在钢板上沿 500mm 的方向每隔 20mm 划一条标准线。

（4）碳棒及压缩空气的调整　用刨枪钳口夹好碳棒，碳棒伸出长度为 80～

100mm，调节好压缩空气的出口及压力，使风口正好对准碳棒的后侧，调整工作台高度，适于站立姿势操作。

6. 碳弧气刨的操作要领

碳弧气刨的操作过程由三部分构成，即引弧—正常刨削过程—收弧。

（1）引弧　由于焊机的短路电流较大，引弧前应先送风冷却碳棒。否则碳棒很快被烧红，而此时钢板处于冷态来不及熔化，很容易造成夹渣。引弧的方法与焊条电弧焊相似，如果引弧处的槽深与整个槽的深度相同，要将碳棒向下进给，待刨到要求的槽深时再将碳棒平稳地向前移动。如果允许，开始时的槽深浅一些，则将碳棒一边向前移动，一边往下移动，如图 9-58 所示。

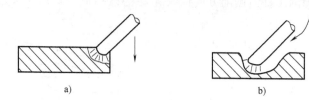

图 9-58　引弧时碳棒的运动方式

a）引弧处的槽深与其他部位相同　b）引弧处槽深较浅

（2）正常刨削　引弧以后，控制电弧长度在 1～3mm，碳棒与工件之间的倾角根据要求的槽深而定，刨深槽时，倾角应大些。碳棒在移动的过程中，既不能做横向摆动，也不能做前后往复摆动。因为摆动时不容易保持操作平稳，刨出的槽也不整齐光洁。

刨削一段长度后，碳棒因损耗而变短，需停弧调整碳棒的伸出长度。此时要继续送风，以便维持碳棒的冷却，既避免重新引弧时出现夹碳，又可减少碳棒的损耗。

碳弧气刨操作的要领是"准、平、正"。

① 所谓"准"就是槽的深浅要掌握准，操作时眼睛要看准划线，同时要考虑到刨槽的深浅。碳弧气刨时，压缩空气与工件摩擦发出"嘶嘶"的响声，当弧长变化时，响声也随之变化。可借助响声的变化来判断和控制弧长的变化。若保持均匀而清脆的"嘶嘶"声，表明电弧平稳，能获得光滑而均匀的刨槽。

② 所谓"平"就是手把要端得平稳，若手把稍有上下波动，刨削的表面就会有明显的凹凸不平。移动速度要十分平稳，不能忽快忽慢。

③ 所谓"正"就是碳棒的夹持要正，在移动过程中，碳棒与工件之间既要保持合适的倾角，同时碳棒的中心线还要与刨槽的中心线重合，否则刨槽的形状不对称，如图 9-59 所示。

如果一次刨槽不够宽，可以增加碳棒的直径，也可以重复地再刨几次。刨削深槽时，先按划线刨一条浅槽，然后再沿这条槽往深处刨，每段刨槽衔接时，要在原来的弧坑上引弧，避免触伤刨槽或产生严重凹陷。

　　碳弧气刨的过程中要处理好排渣，由于压缩空气是在碳弧后面吹来的，操作时压缩空气的方向稍微偏一点，熔渣就会偏向槽的一侧。如果压缩空气吹得很正，虽然熔渣会被吹到电弧的正前方，刨槽两侧的熔渣最少，可节约很多清渣时间，但是较难掌握，同时还影响刨削速度，而且前面的划线被熔渣盖住，影响刨削

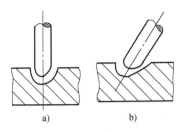

图 9-59　刨槽形状

a）刨槽的形状对称

b）刨槽的形状不对称

方向的准确性。通常采用使压缩空气偏吹一点的方式，把大部分的熔渣翻到槽的外侧（不能吹向操作者）。偏吹量不能太多，否则会造成侧面的熔渣堆积太多太厚，使散热困难而引起黏渣。只需微微吹偏一点，使大部分熔渣向前翻、小部分熔渣向外侧翻、这样后面清渣时很容易打掉。

　　刨槽尺寸要依靠所选择的工艺参数，操作者要用"轻而快"的手法控制。"轻而快"是指手把下按轻一些，使刨槽的深度浅一些，而刨削速度快一些。这样得到的刨槽底部是圆形的。刨槽尺寸还与碳棒的倾角有关，碳棒的倾角大，刨槽较窄小；碳棒的倾角小，刨槽较宽（宽槽及窄槽的宽度相差 2mm 左右）。可以利用刨槽的倾角来控制及调整刨槽的宽度。

　　对于厚度 16mm 以下的钢板，用 8mm 的圆形碳棒刨 U 形槽时，一次刨削即可完成。若厚度大于 16mm 的钢板需要开较宽的 U 形坡口时，坡口的深度不超过 7mm，则可以一次刨成底部，而后分别加宽两侧。按这样的顺序刨削既不会使碳棒与槽壁相碰而引起过烧，又能保证碳棒稳定燃烧，如图 9-60 所示。

　　若钢板的厚度超过 20mm，要求 U 形坡口开得很大时，要按从上向下的顺序刨削，如图 9-61 所示。

　　（3）收弧　熔化的铁液中含碳和氧的量都较高，要防止熔化的铁液留在刨槽中。碳弧气刨的收弧处也是以后焊接时的收尾处，而一般收弧处容易出现裂纹和气孔。如果不把这些铁液吹净，焊接时就更容易引起弧坑缺陷。因此收弧时先断弧，过几秒钟之后，再把气门关闭。采用过渡式收弧法，如图 9-62 所示。

图 9-60　刨削较宽
的 U 形坡口

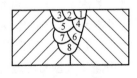

图 9-61　刨削较大
的 U 形坡口

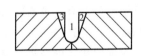

图 9-62　过渡式
收弧法

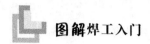

（4）清渣 碳弧气刨完毕后，应用扁头或尖头锤子及时将熔渣清除干净，以便下一步焊接工作的进行。

7. 碳弧气刨容易出现的缺陷及排除方法（见表 9-1）

表 9-1 碳弧气刨时容易出现的缺陷及排除方法

缺陷名称	排除方法
夹碳	若发现夹碳时,应在缺陷的前端引弧,然后将夹碳处刨掉。避免焊接后出现气孔和夹渣
黏渣	用扁铲将黏渣铲除,以避免在以后的焊接过程中出现夹渣缺陷
铜皮脱落	若碳棒上的铜皮脱落掉入刨槽中熔化,会形成铜斑。应及时用钢丝刷将铜斑刷净,避免以后焊接时渗铜
局部弧坑	对局部的弧坑进行必要的补焊

8. 碳弧气刨的质量检测

1）槽形要与槽口的中心线对称，不发生偏斜。

2）槽形宽窄和深浅要均匀。槽口尺寸应符合技术要求、表面光洁平滑，无黏渣和铜斑。

3）气刨后的表面不能有裂纹。

9. 碳弧气刨的注意事项

1）在刨削过程中，压缩空气不允许中断，否则会造成碳棒急剧升温，外层的镀铜层熔化脱落，导致电阻增高，进而烧坏刨枪。

2）刨削时碳棒不断烧损，伸出的长度不断减小。要及时调整碳棒的伸出长度或更换碳棒（碳棒端头与刨枪铜头的距离不能小于 30mm），以免烧坏刨枪。

3）未切断电源之前，应避免使刨枪铜头直接接触工件，否则会烧坏刨枪。

4）露天作业时，要顺风操作，避免被吹散的铁液及熔渣烫伤。

5）气刨时使用的电流较大，要注意避免焊机过载和连续使用而发热。

 刨削工件坡口实例

例 1 两筒体卧装对接后开坡口

大型压力容器的筒体，两筒节装配成一体后进行定位焊。检测筒体的同轴度及错边量符合要求后，将两筒节吊放到转罐机的滚轮上，采用埋弧焊对环缝进行焊接（内部环缝开单边坡口已经焊接）。再对环缝外部开坡口，这样才能焊透，以保证焊接强度及焊接质量。采用碳弧气刨对环缝开 U 形坡口，这种坡口的焊缝焊接后应力及变形较小。刨削时眼睛看着划线、刨枪要端平稳，碳棒的中心与刨槽的中心线应重合，刨削电弧要稳定（刨削时会发出均匀而清脆的"嘶嘶"声）；

刨削速度应适当，刨削过程中筒体在转罐机滚轮上缓慢地旋转，这样操作者的位置不动，就可完成对整条环缝 U 形坡口的刨削，如图 9-63 所示。

图 9-64 所示为完成一圈 U 形坡口刨削的接缝。因筒节的厚度较大（80mm），要采用多次刨削，每次刨削一层，接缝的深度逐渐加大，直至接缝的坡口深度及宽度符合图样要求（焊接工艺图样），然后清理坡口及边缘的氧化铁熔渣，再进行后序的埋弧焊，如图 9-64 所示。

图 9-63　用碳弧气刨开 U 形坡口
（大型筒节的对接环缝）

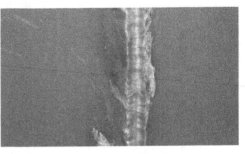

图 9-64　完成一圈 U 形坡口刨削的接缝

例 2　筒体与封头对接后开坡口

筒体与封头端面开单边坡口（里口），采用立装，将筒体放置在装配平台上，封头吊放在圆筒上，检查对接环缝的位置及错边量后，用焊条电弧焊对外环缝（横焊位置）进行定位焊。然后将定位焊后的两部件卧放在转罐机滚轮上，先完成里口焊接，如图 9-65 所示。

制造高压容器的板料厚度较大，采用碳弧气刨对接缝外部刨削坡口，如图 9-66 所示。刨削过程中转罐机缓慢转动，完成对整条接缝坡口的一层加工。要进行多次、多层加工才能使坡口符合焊接工艺要求，要刨削到能看见里口焊缝的填

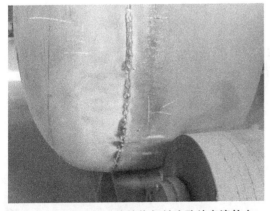

图 9-65　定位焊后的筒体与封头卧放在滚轮上

图 9-66　用碳弧气刨对接缝外部刨削坡口

充金属，然后清理 U 形坡口及边缘的熔渣，用埋弧焊完成外部环缝的焊接。焊完的焊缝要进行 X 射线检测，对于不合格之处，如有气孔、砂眼等，要用碳弧气刨将不合格之处刨开，对该处进行补焊。

例 3：支管与筒体对接后清根

图 9-67　对支管与圆筒的相贯线进行清根

将筒体吊放到转罐机上装配支管，法兰盘已装焊到支管上，将支管插入人孔中，先在筒体内部对支管与筒体环缝进行焊接，在外部焊接前对支管与圆筒的相贯线进行清根，如图 9-67 所示。

操作转罐机将支管转动到适当位置，用碳弧气刨完成对相贯部分的清根及开坡口，如图 9-68 所示。清根后相贯部分沟槽要均匀，如图 9-69 所示经过多次、多层的操作后，使其符合后序的焊接要求。

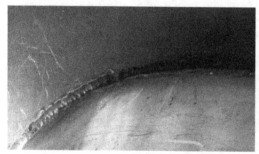

图 9-68　用碳弧气刨对圆管与筒体相贯部分进行清根

图 9-69　清根后相贯部分沟槽要均匀

• 项目 8　等离子弧焊与切割 •

阐述说明

等离子弧是电弧的一种特殊形式，是自由电弧被压缩后形成的。自由电弧中气体电离是不充分的，能量不能高度集中，压缩后可提高电弧的温度及能量密度。利用等离子弧可以焊接和切割一般工艺方法难以加工的材料，还可进行等离子弧的堆焊及喷涂。

1. 等离子弧焊

（1）等离子弧　对自由电弧的弧柱采用压缩效应，进行强迫"压缩"，使导电横截面收缩得比较小而能量更加集中，弧柱中的气体几乎达到全部电离状态的电弧，称为等离子弧。

（2）压缩电弧的方法　将钨极缩入喷嘴内部，并在水冷喷嘴内部通以一定压力和流量的离子气，强迫电弧通过喷嘴孔道，如图 9-70 所示。

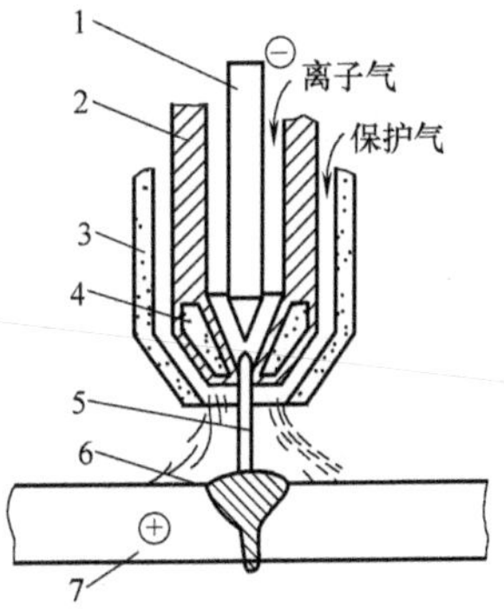

（3）电弧的三种压缩效应

1）机械压缩效应。弧柱受喷嘴孔的限制，其直径不能自由扩大。

2）热收缩效应。电弧通过水冷喷嘴时，靠近喷嘴内壁的气体受到强烈的冷却作用，其温度和电离度均迅速下降，迫使弧柱电流向弧柱中心高温、高电离区集中，使弧柱横截面进一步减小，而电流密度、温度和能力密度则进一步提高。

3）电弧压缩效应。电流通过弧柱时要产生磁场，磁场会产生电磁收缩力对弧柱起压缩作用。

电弧在以上三种压缩作用下，弧柱截面很细，温度极高，弧柱内的气体也得到高度电离，从而形成稳定的等离子弧。

图 9-70　等离子弧的形成
1—钨极　2—水冷喷嘴　3—保护罩　4—冷却水　5—等离子弧　6—焊缝　7—焊件

（4）等离子弧的特点

1）温度高。温度可达 16000～33000℃（普通电弧 8000℃左右），能量高度集中。

2）电弧稳定。自由电弧的扩散角约 45°，等离子弧的扩散角仅为 5°，它的电离程度高，放电过程稳定，压缩的电弧挺度好，燃烧稳定。

3）冲刷力大。等离子弧喷嘴内通入压缩气体（氮气、氩气），气体受到电弧高温加热而膨胀，压力大大增加。高压气体通过喷嘴细通道喷出时，速度可超过声速，有很强的间隙冲刷力。

（5）等离子弧的类型及应用　根据电极的不同接法，等离子弧分为转移弧、非转移弧、联合型弧三种，如图 9-71 所示。

1）非转移弧。电极接负极，喷嘴接正极，焊件不接电源，等离子弧在电极和喷嘴内表面之间燃烧并从喷嘴喷出，如图 9-71a 所示。非转移弧的加热能量及温度为三种等离子弧中最低，主要用于喷涂、焊接及切割较薄的金属件。

2）转移弧。电极接负极，焊件接正极，电弧首先在电极与喷嘴之间引燃，当电极与焊件间加上一个较高的电压后，再转移到电极与焊件间，使电极与焊件间产生等离子弧，这个电弧就称为转移弧，这时电极与喷嘴间的电弧就熄灭，如图 9-71b 所示。转移弧是在非转移弧的基础上形成的，电弧热的有效利用率高，用于厚板的切割、焊接和堆焊的热源。

3）联合型弧。它是转移弧与非转移弧同时存在的电弧，如图 9-71c 所示。联合型弧中转移弧为主弧，非转移弧起补充加热和维持电弧稳定的作用，当等离子弧中断时，维持电弧可立即使电弧复燃，因此电流很小时也能保持电弧稳定，主要用于微束等离子弧焊和粉末等离子弧堆焊。

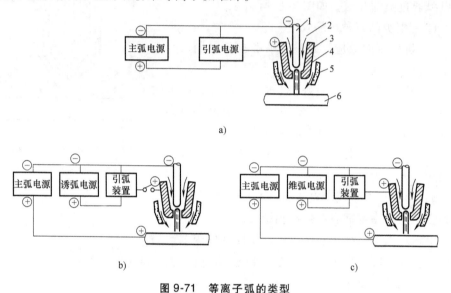

图 9-71 等离子弧的类型

a）非转移弧 b）转移弧 c）联合型弧

1—钨极 2—等离子气体 3—喷嘴 4—保护气 5—保护罩 6—工件

等离子弧堆焊应用实例

粉末等离子弧堆焊是以氩气为热源，选用耐磨及耐腐蚀的合金粉末作为填充金属，用转移弧在焊件表面产生熔池，合金粉末按需要量连续供给，在送粉气流的作用下送入焊枪，并吹入堆焊熔池中。粉末在弧柱中被预先加热，呈熔化或半熔化状态，喷射到焊件熔池中，在熔池里充分熔化，并排出气体浮出熔渣，随着焊枪与焊件的相对移动，熔池逐渐凝固，焊件上就获得所需的熔敷层。

在基材的表面堆敷合金粉末后，可以减少零件的磨损及腐蚀损失，提高材料表面的力学性能，延长零件的使用寿命。

高压容器在使用时必须要耐磨损、耐腐蚀。利用复合钢板（由不锈钢板与碳钢板采用爆炸成形制成）制造高压容器，按设计的图样及工艺要求，筒体（见图9-72）、冲压的封头（见图 9-73）内部采用等离子弧堆焊熔敷层。等离子弧可被精确调节，工艺可控性强。焊层的硬度高，有完美的几何形态，能满足容器在使用时的工作状态。

图 9-72 筒体内部采用等离子弧堆焊熔敷层   图 9-73 封头内部采用等离子弧堆焊熔敷层

 等离子弧喷涂应用实例

用等离子弧作为热源，将待喷涂的材料（金属或非金属）加热到熔融或半熔融状态，并高速喷向工件表面，形成牢固的表面层。

等离子弧喷涂是一种材料表面硬化和表面改性的技术，可以使基体表面具有耐磨、耐腐蚀、耐高温氧化等。如对部件的内外表面采用等离子弧喷涂，可提高耐腐蚀、耐高温、隔热及密封性能，喷涂后的工件如图 9-74 所示。

图 9-74 喷涂后的工件

（6）等离子弧焊的原理及特点 等离子弧焊是借助水冷喷嘴对电弧的拘束作用，获得较高密度的等离子弧进行焊接的一种方法。它是利用特殊构造的等离子焊枪所产生的高温等离子弧，并在保护气体的保护下熔化金属进行焊接的。它可以焊接多种难熔金属及特种金属材料，如图 9-75 所示。

等离子弧焊与钨极氩弧焊相比有以下特点：

1）等离子弧的温度高、能量集中。等离子弧熔透能力强，对于 8~12mm 的金属焊接可不开坡口，不加填充金属，焊接速度及生产率提高，熔宽小、焊缝厚度增大，热变形区宽度和焊接变形小。

2）等离子弧的形状近似于圆柱形，挺直性好，几乎整个弧长上都具有高温，

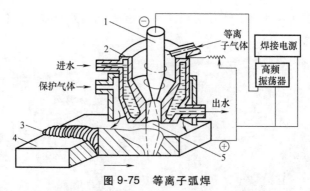

图 9-75　等离子弧焊

1—钨极　2—喷嘴　3—焊缝　4—焊件　5—等离子弧

当弧长发生波动时，熔池表面的加热面积变化不大，对焊缝成形的影响较小，焊缝成形均匀。

3）等离子弧的稳定性好，特别是用联合型等离子弧时，使用很小的焊接电流，也能维持稳定的焊接过程，因此可焊超薄的焊件。

4）钨极内缩在喷嘴里面，焊接时不会与焊件接触，既减少钨极的损耗，又可防止焊缝金属产生夹钨等缺陷。

（7）等离子弧焊设备　手工等离子弧焊设备由焊接电源、焊枪、控制系统、气路和水路系统等部分组成，如图 9-76 所示。

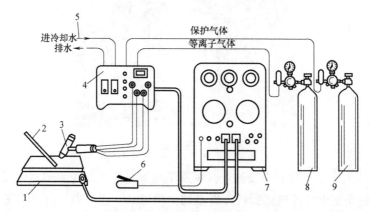

图 9-76　等离子弧焊设备

1—焊件　2—填充焊丝　3—焊枪　4—控制系统　5—水冷系统
6—起动开关（装在焊枪上）　7—焊接电源　8、9—供气系统

1）焊接电源。采用具有陡降外特性的直流弧焊电源，等离子气一般采用氩气。

2）焊枪。焊枪是等离子弧焊的关键组成部分，焊枪主要由上枪体、下枪体、压缩喷嘴、中间绝缘体及冷却水套组成，如图 9-77 所示。压缩喷嘴是焊枪最关键的部件，喷嘴多采用圆柱形压缩孔道，而收敛扩散型压缩孔道有利于电弧的稳定，如图 9-78 所示。

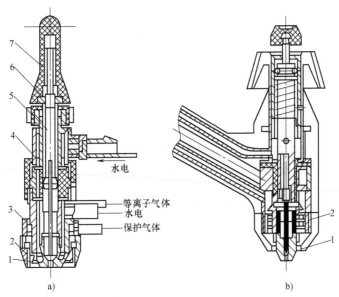

a)　　　　　　　　　　　　　b)

图 9-77　等离子弧焊枪的结构

a）大电流等离子弧焊枪　b）微束等离子弧焊枪

1—喷嘴　2—保护套外环　3—下枪体　4—上枪体　5—电极夹头　6—螺母　7—钨极

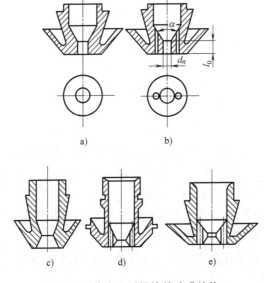

图 9-78　等离子弧焊枪的喷嘴结构

a）圆柱单孔　b）圆柱三孔　c）收敛扩散单孔

d）收敛扩散三孔　e）带收缩段的收敛扩散三孔

3）控制系统：调节气体流量，提前送气，滞后停气；可靠地引弧及转换，实现引弧电流递增，熄弧电流递减；无冷却水不能开机，发生故障及时停机。

4）供气系统：供应保护气体、离子气体，由单独的气路独立供给。

5）水路系统：由于等离子弧温度在10000℃以上，要对电极及喷嘴进行水冷却，防止烧坏喷嘴并增强对电弧的压缩作用，当水压达不到要求时，水压开关会切断供电回路。

2. 等离子弧切割

（1）等离子弧切割设备 等离子弧切割设备由电源、控制箱、水路系统、气路系统及割炬等部分组成，如图9-79所示。

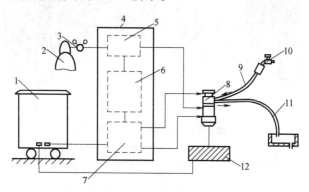

图9-79 等离子弧切割设备

1—电源 2—气源 3—调压表 4—控制箱 5—气路控制 6—程序控制
7—高频发生器 8—割炬 9—进水管 10—水源 11—出水管 12—工件

1）电源：采用专用弧焊整流器，也可用两台以上普通的发电机或弧焊整流器串联。

2）控制箱：用于引弧并控制等离子弧的切割过程。

3）水路系统：通水冷却割炬，以使割炬保持正常切割。

4）气路系统：包括气瓶、减压器、流量器及电磁气阀，它的作用是防止钨极氧化、压缩电弧和保护喷嘴不被烧毁。

5）割炬：割炬是产生等离子弧的装置，也是直接进行切割的工具，主要由本体、电极组件、喷嘴和压帽等部分组成，其中喷嘴是核心部分，其结构形式和几何尺寸对等离子弧的压缩和稳定有重要作用，如图9-80所示。

（2）等离子弧切割工艺

1）工作气体：采用氮、氩、氢以及其混合气体，多用氮气，成本低。

2）切割电流及切割电压：切割厚度大的工件，适当地增大切割电流及电压。如切割电流过大，切口会变宽、喷嘴容易烧毁，如切割电压过大容易熄弧。

3）切割速度：切削速度高可使切口变窄，在保证切透的前提下尽量选择大的切割速度。

4）气体流量：气体流量大有利于压缩电弧，能及时吹走熔化的金属，但流量过大热量损耗大，降低切削能力，因此气体的流量与喷嘴的孔径应相适应。

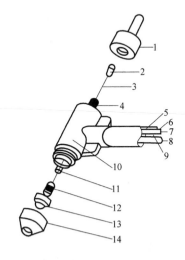

图 9-80　等离子弧割炬的构造

1—割炬盖帽　2—电极夹头　3—电极　4、12—O 形环　5—进气管　6—排水管

7—切割电缆　8—小弧电缆　9—进水管　10—割炬体　11—对中块

13—水冷喷嘴　14—压帽